図解
サーバー
仕事で使える基本の知識

Basic and Useful
Knowledge of Server

増田若奈・根本佳子 著
Wakana Masuda, Kako Nemoto

技術評論社

<<<　注　意　事　項　>>>

★ 本書に記載された内容は、情報の提供のみを目的としています。したがって、本書を用いた運用は、必ずお客様自身の責任と判断によって行ってください。これらの情報の運用の結果について、技術評論社および著者はいかなる責任も負いません。

★ 本書記載の情報は、特に断りのない限り、2018年4月現在のものを掲載しています。本文中で解説しているWebサイトなどの情報は、予告なく変更される場合があり、本書での説明とは画面図などがご利用時には変更されている可能性があります。

★ 以上の注意事項をご承諾いただいた上で、本書をご利用願います。これらの注意事項をお読みいただかずに、お問い合わせいただいても、技術評論社および著者は対処できません。あらかじめ、ご承知おきください。

★ 本文中に記載されているブランド名や製品名は、すべて関係各社の商標または登録商標です。
　なお、本文中に®マーク、©マーク、™マークは明記しておりません。

はじめに

　私たちが毎日のように利用している社内LANやインターネットでは、さまざまなサーバーが活躍しています。ネットワークを使ってできることのほとんどはサーバーが提供しているといっても過言ではありません。

　しかし、「サーバー」と聞くと自分とは関係ない遠い存在だと感じる人も少なくないでしょう。サーバーは専門的な知識を持った技術者が扱うもので、普通の人には無理だと思う人もいるかもしれません。

　確かに、サーバーを構築・運用するには専門知識が必要です。しかし、サーバーの構築・運用は試験ではありませんから、わからないときはマニュアルや書籍、インターネットで調べればいいのです。専門教育を受けた人でなくてもサーバーは構築・運用できます。

　ただし、それには条件があります。サーバーがネットワークの中でどのように機能しているかという基本を理解していることです。サーバーがどのような役割を持っているのか、各ユーザーのPCとの間で何が起こっているのか、それを知っておくことが大切です。

　本書では、この基本となる知識について解説しています。改訂版ではクラウドコンピューティングなど広く普及した技術や仕組みの解説を追加し、現在のネットワークに合わせた内容に改めています。

　サーバーの詳細な設定内容は載っていませんので、すぐに実践に役立つわけではありません。しかし、本書の内容は実際にサーバーを構築・管理するときに必要となる基礎知識です。

　意味はわからないがマニュアルにそう書いてあったから、とサーバーを設定すればとりあえず稼動します。しかし、それではトラブルが起きたときにどう対処すればよいかわかりませんし、ほかのサーバーを構築・運用することになったときはまた一からマニュアルと首っ引きで取り組むことになります。

　いきなり設定本に行くのではなく、まず本書に興味を持ってくださった読者のみなさんは、「回り道のようでも基本は大切」ということをすでに理解していると思います。本書が、その場その場の間に合わせではなく、応用のきく基礎知識を身につける手助けとなることを願っています。

増田若奈

目 次
Contents

Chapter 1
サーバーは何をしているのか　*11*

1 サーバーの役割（1）
サーバーはサービスを提供する........................*12*

2 サーバーの役割（2）
サーバーはネットワークを管理する........................*14*

3 サーバーを構築する理由
サーバーは何のためにあるのか........................*16*

4 サーバーをどこに置くか
オンプレミスのメリット・デメリットを知る........................*18*

5 サーバーが提供するサービスの種類（1）
インターネット関連のサービス........................*20*

6 サーバーが提供するサービスの種類（2）
LAN 関連のサービス........................*22*

7 サーバーの構築（1）
サーバー構築に必要なハードウェア........................*24*

8 サーバーの構築（2）
サーバー構築に必要なソフトウェア........................*26*

9 ネットワーク管理者の役割
サーバーを管理する........................*28*

10 サーバーを取り巻く危険
サーバーを構築するならセキュリティ対策は必須........................*30*

11 サーバーの構築・管理を体験する
サーバー用 OS の選び方とネットワークへの接続........................*32*

Column　クラウドコンピューティングの種類........................*34*

4

Chapter

2 ネットワークの基礎を知っておこう 35

1 ネットワーク接続の仕組み（1）
ネットワークにつながっているとはどういうことか 36

2 ネットワーク接続の仕組み（2）
データはパケットでやり取りされる 38

3 OSI 参照モデルの基礎知識
プロトコルを階層で考える OSI 参照モデル 40

4 TCP/IP プロトコルの基礎知識（1）
TCP/IP プロトコルは4つの階層構造をとる 42

5 TCP/IP プロトコルの基礎知識（2）
TCP/IP プロトコルを使ったデータのやり取りの流れ 44

6 TCP/IP プロトコルの基礎知識（3）
アプリケーション層とトランスポート層の役割 46

7 TCP/IP プロトコルの基礎知識（4）
インターネット層とネットワークインターフェイス層の役割 48

8 IP アドレスの役割
IP アドレスでコンピュータや機器を特定する 50

9 2種類ある IP アドレス
グローバル IP とプライベート IP 52

10 IP アドレスの有効利用
サブネッティングと CIDR 54

11 アプリケーションとネットワーク
ポート番号とは 56

12 機器固有の物理アドレス
MAC アドレスとは 58

13 ほかのネットワークへの出入口
ルーターの役割 60

5

14 グローバルIPとプライベートIPの変換
NAT、NAPTの仕組み 62

15 人間がネットワークをわかりやすく使うために
IPアドレスとドメイン名 64

Column ドメイン名を取得するには 66

Chapter

3

さまざまなサーバーの働き 67

1 サーバーの基礎知識
用途に合わせてサーバーを用意する 68

2 ファイルやプリンタを共有する
ファイルサーバーとプリントサーバー 70

3 手軽にインターネットに接続できるようにする
DHCPサーバーの働き 72

4 グローバルIPとドメイン名を変換する
DNSサーバーの働き 74

5 時刻を合わせる
NTPサーバーの働き 76

6 ウェブを公開する
ウェブサーバーの働き 78

7 ウェブページはどのように作られているか
ウェブページを構成する技術 80

8 動的ページとは何か
ウェブサーバーでプログラムを動作させる 82

9 メールを送受信する
SMTPサーバーの働き 84

10 クライアントがメールを受け取る
POP3サーバーの働き 86

11 複数の端末で利用できる
IMAPサーバーの働き 88

6

12 データをやり取りする
FTP サーバーの働き *90*

Column 動画配信とYouTube *92*

Chapter

4

社内用 Windows サーバーを構築する

93

1 基本となるハードウェアとOS
サーバーとして使用するコンピュータとOSを用意する *94*

2 ユーザーやコンピュータを管理する
ドメインとワークグループ *96*

3 サーバーの設定と管理を行う
サーバーマネージャーとは *98*

4 便利で簡単な情報管理システム
Active Directory でクライアントを管理する *100*

5 ユーザーとクライアント PC の登録
クライアント PC をネットワークに参加させる *102*

6 クライアントに IP アドレスを割り当てる
DNS サーバーと DHCP サーバーを稼働させる *104*

7 ネットワークで効率よくファイルを利用する
ファイルサーバーを設定してファイル共有する *106*

8 ネットワークアダプター、ルーター、ファイアウォール
インターネット接続に必要なハードウェア *108*

9 DNS を設定してインターネットへ接続する
インターネット用の DNS サーバーを構築する *110*

10 ケーブルレスネットワークの構築
無線 LAN を導入する *112*

11 仮想専用線で LAN と LAN を結ぶ
VPN を導入する *114*

12 Windows Server 2016評価版を使ってみる
実験的に Windows サーバーを構築する *116*

Column Windows Server 以外の選択肢 *118*

7

Chapter 5

インターネットに公開するサーバーを構築する

119

1 ウェブサイトを構築する（1）
ウェブサイトを公開する環境を整える *120*

2 ウェブサイトを構築する（2）
ウェブサーバー用のOSを選ぶ *122*

3 ウェブサイトを構築する（3）
ウェブサーバーソフトを選ぶ *124*

4 動くウェブサイトにする
ほかのプログラムやサーバーと連携させる *126*

5 メールサーバーを構築する
メールサービスを提供できるようにする *128*

6 DNSサーバーを構築する
取得したドメイン名をDNSサーバーに登録する *130*

7 もっと便利にサーバーを立ち上げる
インターネットサーバーをアウトソーシングする *132*

Column 多くの企業に利用されるAWSとは *134*

Chapter

サーバーの管理と運用　　135

1 サーバーのトラブルの予防と対処
サーバーを円滑に稼働させる......... 136

2 サーバーはどこからでも管理できる
サーバーをリモートで管理する......... 138

3 ニーズに応じてクライアントのOSを選ぶ
クライアントOSが混在するネットワーク......... 140

4 グループでの管理が基本
ユーザーの管理......... 142

5 不正アクセスからデータを守る
パスワードとアクセス権の管理......... 144

6 ネットワークコマンドの使い方
ネットワークの監視......... 146

7 ネットワークコマンドでトラブルの発生箇所を探る
ネットワークに発生する障害......... 148

8 障害の原因を探るためにツールを駆使する
障害の原因を突き止める......... 150

9 バックアップはトラブル対処の基本
定期的にバックアップを取る......... 152

10 思わぬトラブルに備えてデータを守る
RAIDとUPSを導入する......... 154

Column　**破られにくいパスワードを設定しよう**......... 156

Chapter 7 セキュリティ管理　157

1 不正侵入とウイルス、情報漏洩への対策
セキュリティ対策の重要性 158

2 企業情報を守る
企業ネットワークでのセキュリティ対策 160

3 不正侵入を入口で食い止めるファイアウォール
ファイアウォールでネットワークを守る 162

4 監視の対象によるファイアウォールの分類
ファイアウォールの種類 164

5 ファイアウォールの選び方
判断基準に応じたファイアウォールを選ぶ 166

6 内部のサーバーとクライアントを守る
インターネットに公開するサーバーはDMZに設置する 168

7 ファイアウォールを正しく設定する
ファイアウォールの構築 170

8 OSのセキュリティ対策
OSのアップデート 172

9 複雑化する感染経路に対応する
ウイルス対策ソフトを導入する 174

10 不正なデータをシャットアウトする
ルーターでのセキュリティ対策 176

11 データの盗聴を防ぐ
SSL/TLSを導入する 178

12 OSとウイルス対策ソフトを常に最新の状態にする
クライアントのセキュリティ対策 180

13 サイバー攻撃から組織を守る
情報セキュリティポリシーを導入する 182

Appendix 184

Index 188

10

Chapter

1

サーバーは
何をしているのか

まず最初に「サーバー」とは何なの
かを知っておくことにしましょう。
本章では、サーバーの役割と接続形
態、提供できるサービスの主な種類、
構築に必要なソフトウェアやハード
ウェアなどについて解説します。

Chapter 1

1

サーバーの役割（1）

サーバーはサービスを提供する

ほかのコンピュータからの要求に応えるのがサーバーの役目

　企業ネットワークやインターネットなどのネットワーク上には、サーバーが稼働しています。ネットワークを利用することはサーバーを利用することだ、といってもいいでしょう。

　それでは、この「サーバー」というものは何をしているのでしょうか。「サーバー」は、英語では「serve」（奉仕する）に「er」を付けて「server」と書きます。そして「serve」の名詞形が「service」（サービス）です。つまり、サーバーとは**サービスを提供するコンピュータ**ということです。誰にサービスするのかというと、ネットワークにつながっているほかのコンピュータです。これを**クライアント（client）**と呼びます。**サービスを提供するのがサーバー、サーバーのサービスを受けるのがクライアント**です。

　サーバーがどんなサービスを提供するかはサーバーごとに異なり、「サーバー」の前にサービスの名前を付けて区別します。メールの送受信サービスを提供するサーバーは**メールサーバー**、インターネットのウェブ閲覧に関するサービスを提供するサーバーは**ウェブサーバー**といった具合です。

　これらのサービスを受けるクライアントは、受けたいサービスに応じて別々のサーバーを利用します。メールを送受信したいときは、メールサービスを提供するメールサーバーを利用します。ネットワークに接続されたプリンタで印刷したいときは、プリンタ共有サービスを提供するプリントサーバーを利用します。

　サーバーと聞くととても難しいもののように思うかもしれませんが、サーバーが提供するサービスの多くは身近なものです。ただ、これまではサービスに対して、それを受けるクライアント側の視点から見ていました。それを、サービスを提供するサーバー側の視点に切り替えましょう。それがサーバーを理解する第一歩です。

12

サーバーとは何か

サーバーはサービスを提供する

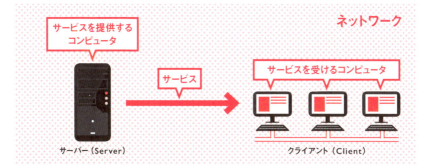

提供するサービスによって名前が変わる

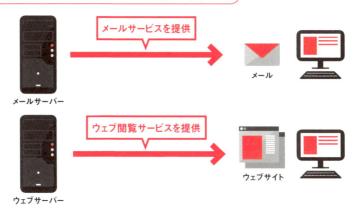

サーバー側の視点で考えると理解しやすくなる

Chapter 1

2

サーバーの役割（2）

サーバーはネットワークを管理する

クライアントが安全・快適にネットワークを利用するために重要

サーバーは、クライアントにさまざまなサービスを提供するとともに、クライアントがネットワークを安全で快適に使用できるように管理しています。ネットワークがきちんと機能するように設定し、ネットワークの使用状況を監視し、記録します。ファイル共有などで使用しているハードディスクをバックアップするのもサーバーの役目です。

サーバーはクライアントの管理も行います。企業ネットワークにおいてクライアント管理は特に重要で、次のような管理を行っています。

● ネットワークに参加しているクライアントを管理する

企業ネットワークには多くの機密情報が存在するため、社員が勝手にパソコンを持ち込んでネットワークに参加できるようではいけません。サーバー側でクライアントを把握し、管理することが重要です。

● クライアントごとに利用できるサービスを管理する

クライアントが、ネットワークでどのサービスを利用できるかを決めて管理します。例えば、部署単位でグループ分けを行い、利用できる、できないを決めることもできます。ファイル共有やプリンタ共有のサービスでは、誰がどのファイルやプリンタを利用できるかなどを細かく設定します。

人事異動などがあればクライアントの管理設定も変更する必要があり、煩雑な作業が発生します。そのため、サーバーにはクライアント管理のためのソフトウェアである**ディレクトリサービス**が用意されています。Windowsでは**Active Directory**というソフトウェアが使われています。

また、クライアントが勝手にソフトウェアをインストールできないように制限するなど、セキュリティ上必要な管理もサーバーで行うことが可能です。

14

サーバーの主な"仕事"

サーバーでクライアントを管理

- ネットワークの設定
- 使用状況の監視
- 記録
- バックアップ　など

ネットワークに参加しているクライアントを管理

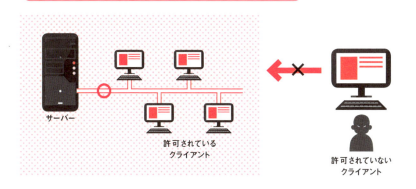

クライアントごとに利用できるサービスを管理

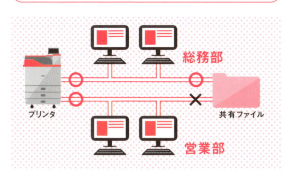

クライアントをグループに分けて管理することもできる

Chapter 1 ▶ 2　サーバーはネットワークを管理する　15

Chapter 1

3

サーバーを構築する理由

サーバーは何のために
あるのか

管理や運用が容易になる

サーバーがクライアントに対してサービスを提供する形態のネットワークを**ク
ライアント／サーバー型**のネットワークと呼びます。ネットワークのほとんどが
このクライアント／サーバー型です。インターネットも、一部のサービスを除い
て基本的にクライアント／サーバー型の形態をとっています。

企業ネットワークでも、たとえ小規模であってもクライアント／サーバー型の
ネットワークを構築するのが一般的です。その理由は、サーバーを構築する
ことで、運用や管理が容易になるメリットが生まれるからです。例えば、ファイ
ルサーバーがあれば、共有するファイルはファイルサーバーにひとまとめに保
存されるので、管理は容易であり、ユーザーは必要なファイルを探しやすくな
ります。バックアップもかんたんです。プリントサーバーを導入すれば、複数
の人でプリンタを共有できるのでパソコンごとの設定が不要になり、メンテナン
スするプリンタの台数を減らすことができるといったメリットがあります。

サーバーやネットワークは、自社で構築・運用することができます。このよ
うなサーバーは、以前は「自社サーバー」などと呼ばれることもありましたが、
現在では**オンプレミス**と呼ばれています。一方、最近では、光ファイバーな
どの高速なインターネット回線が普及してきました。そこで、インターネット上
にあるサーバーを社内から利用できる**クラウドコンピューティング**を採用する
企業も増えています。クラウドコンピューティングとは、これまで手元のコン
ピュータで行っていた処理をインターネット上にあるサーバーが担当し、クライ
アントはサーバーが提供するサービスを必要なときに必要なだけ利用する形態
のことです。

サーバー構築の主なメリット

クライアント／サーバー型

サーバー構築のメリット

オンプレミスとは

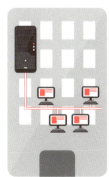

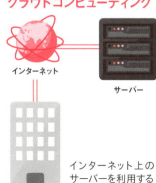

Chapter 1 ▶ 3 サーバーは何のためにあるのか

サーバーをどこに置くか
オンプレミスの メリット・デメリットを知る

オンプレミスでサーバーの基本を学べる

　クラウドコンピューティングでは、メールやファイル共有、データベース、スケジュール共有、アプリケーション開発などさまざまなサービスが提供されています。**使いたい機能を契約すれば、すぐに利用できる**点が大きなメリットでしょう。また、データはサーバー上にありますから、万が一**クライアントが故障した際にもデータを失うリスクがありません**。運用・管理はサービスを提供している企業が行いますので、**社内で運用・管理する必要もありません**。ただし、サーバーに予想外のトラブルが発生した場合に、サービスが停止して、業務がストップしてしまうリスクもないとはいえません。また、インターネットへの接続が必須です。利用者数やシステムの規模に応じて価格が変わるサービスの場合は、クライアントが増えるほどコストが膨らみます。

　一方、オンプレミスは、**必要な機能を自社で使いやすいようにカスタマイズすることができる**のが最大のメリットです。**既存の社内システムとの連携も比較的容易**です。システムの変更にも柔軟に対応できます。その分、システムの構築やカスタマイズ、運用には技術力のある担当者が必要であり、構築にも一定の時間がかかります。また、トラブルが発生した際には自社で対応する必要があります。

　しかし、小規模なシステムであれば、オンプレミスの構築・運用はさほど難しくありません。業務によっては、一部の機能はクラウドコンピューティングを利用し、社内の重要なサービスはオンプレミスで構築するケースもあります。また、クラウドコンピューティングを利用する際にも、サーバーの知識があればより自社にマッチしたサービスを選択できるでしょう。そこで本書では、オンプレミスでサーバーを構築することで、サーバーの基本を学んでいきたいと思います。

クラウドコンピューティングとオンプレミスの違い

クラウドコンピューティング

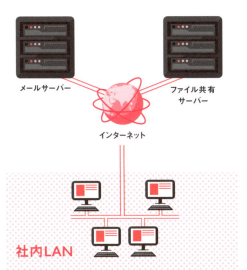

○
- 必要な機能をすぐに利用できる
- クライアントの故障やトラブル時にデータを損失しない
- システムの運用・管理の手間やコストが省ける

×
- 予想外のサービス停止で業務がストップすることがある
- クライアントが増えるほどコストが増えることがある
- インターネットへの接続が必須

オンプレミス

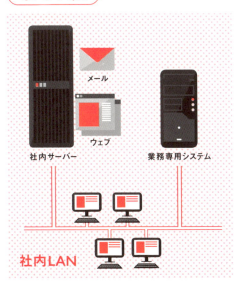

○
- 自社に合ったシステムのカスタマイズが容易
- 既存の社内システムとも連携可能
- 規模によっては安価に構築できる

×
- システム構築に時間がかかる
- システムの構築、運用に技術者が必須
- トラブル時は自社で対応

Chapter 1 ▼ 5

サーバーが提供するサービスの種類（1）
インターネット関連の
サービス

ウェブサービス、メールサービス、DNSサービスが代表的

　インターネットでサーバーが提供するサービスの代表的なものは、**ウェブサービス**と**メールサービス**です。

　ウェブサービスは、クライアントが要求したウェブページのデータをウェブサーバーがクライアントに送るという、非常にシンプルなサービスです。シンプルですが、基本の「要求されたデータを送る」機能に別の機能を組み合わせることで、多彩なコンテンツを提供することができます。

　メールサービスを提供するメールサーバーには、**SMTPサーバー**と**POP3サーバー**、**IMAPサーバー**があります。メールの受信や転送はSMTPサーバーが、受信したメールをクライアントへ渡す役割はPOP3サーバーやIMAPサーバーが担当しています。

　そのほか、クライアントとサーバーの間でファイルをやり取りする**FTPサービス**などがあります。ただし、FTPではユーザー名やパスワードを暗号化せずにやり取りするため、重要な情報を盗み見られてしまうリスクがあります。そこで最近では、暗号化機能の付いた「SFTP」や「FTPS」などが利用されています。

　そして、インターネットを利用するときに欠かせないのが、DNSサーバーが提供する**DNSサービス**です。これは、インターネットで使われているIPアドレスとドメイン名を対応させるサービスです。DNSサービスがないとウェブ閲覧もメールの送受信もできません。第3章で詳しく解説しますが、**インターネットを利用するためにはDNSサーバーが必須**ということは覚えておきましょう。

　また、ドメインを取得してウェブサイトを配信したり、メールサービスを稼働させる場合は、構築したDNSサーバーの情報をほかのDNSサーバーに登録する作業も必要となります。

ウェブサービス／メールサービス／DNSサービス

ウェブサービス

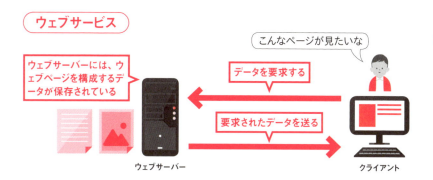

メールサービス

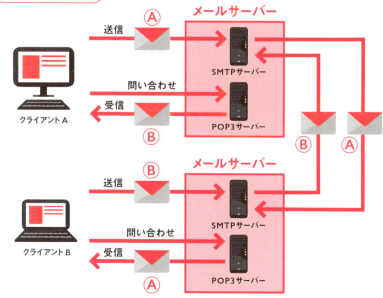

DNSサービス

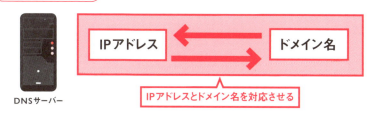

Chapter 1 ▼ 6

サーバーが提供するサービスの種類（2）

LAN関連のサービス

ファイル共有、プリンタ共有のほかにDHCP、DNSサービスが稼働している

　企業ネットワークなどのLANでサーバーが提供しているサービスの代表的なものは、**ファイル共有サービスとプリンタ共有サービス**です。

　ファイル共有サービスは、**ファイルサーバー**が提供します。共有したいファイルは、ファイルサーバーが管理するハードディスクに保存されます。クライアントはファイルサーバーにアクセスして、必要なファイルを利用します。

　プリンタ共有サービスは、**プリントサーバー**が提供します。このサービスを稼働させることで、ネットワーク内のクライアントが共用のプリンタを利用することができます。プリントサーバーにプリンタを接続するケースと、ネットワークプリンタをネットワークに接続するケースがあります。

　このほかにLAN内で稼働しているサービスとして、**DHCPサービス**と**DNSサービス**があります。DHCPサービスは、**データのやり取りに必要な情報を自動的にクライアントに提供するサービス**です。

　ネットワーク上でデータをやり取りするためには、サーバーだけでなくすべてのクライアントに対して必要な情報を設定しなければなりません。その作業を簡便化するのがDHCPサービスです。クライアントが「DHCPを利用する」という設定をすれば、自動的に設定作業が行われるので、細かい設定作業を行わずに済みます。

　DNSサービスはLANの中でも使われています。特に、Windowsサーバーで使われているディレクトリサービス「Active Directory」を稼働させるためには、専用のDNSサーバーが必要となります。これはサーバーやプリンタ、ネットワーク機器などに付けられているIPアドレスとホスト名を対応させる役割を持っており、インターネットを利用するためのDNSサービスとは別に用意しなくてはなりません。

ファイル共有サービス／プリンタ共有サービス／DHCPサービス

ファイル共有サービス

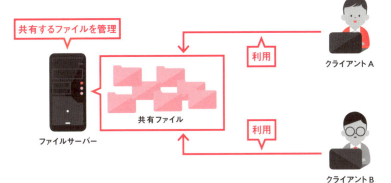

プリンタ共有サービス

DHCPサービス

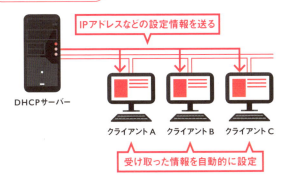

Chapter 1

7

サーバーの構築（1）

サーバー構築に必要な ハードウェア

どんなハードウェアでも構わないが、安定性を考えたら専用機

　サーバーとして使用するハードウェアには「必ずこれを使わなければいけない」という決まりはありません。サーバー用のＯＳに対応していて、サービスを提供するためのソフトウェアが動作するのであれば、どんなコンピュータでも使用できます。

　例えば、クライアント用の「パソコン」をサーバーにすることもできます。家庭内ＬＡＮなど、小規模なネットワークの場合によく使います。ただし、サーバー用のハードウェアには、常時安定して動作することが求められます。クライアント用のパソコンのように「かんたん」「便利」「静音性」「安価」といった特長は必要なく、便利な機能がかえってハードウェア・ソフトウェア構成を複雑にし、安定性を損なうこともあります。そのため、業務用のサーバーにはサーバー用に設計されたハードウェアを選ぶべきです。

　大規模のネットワークでは、専用に設計されたハードウェアで構成された**エンタープライズサーバー**が使われています。大量のデータを高速に処理することができますが、非常に高価です。これに対し、一般的なパソコンと基本的に同じ設計のサーバーを**ＰＣサーバー**と呼びます。多くの企業ネットワークで使われているのはＰＣサーバーです。最近では大規模なネットワークでもＰＣサーバーを採用するケースが見られます。

　サーバーの形状で見てみると、**タワー型**、**ラック型**、**ブレード型**に分けられます。**タワー型**は、タワー型のパソコンと同じ形状です。**ラック型**は、専用の収納ラックに収まる形状をしています。**ブレード型**は、サーバーとして必要な部品を薄い**ブレード**に集約しています。ブレードは、電源やネットワークに接続するためのインターフェイスなどを備えた**エンクロージャ**と呼ばれる筐体に収納されています。複数のブレードでエンクロージャが備えている機能を共有し、省スペース・省電力化を図っています。

24

いろいろあるサーバーのハードウェア

サーバー用に設計されたコンピュータを利用する

安定性を重視

電源やCPUソケットなどの冗長化、ストレージのホットスワップなどで安定した運用が可能

OK!

サーバー用に設計されたコンピュータ

「かんたんで便利」を優先

使えないことはないが安定性に不安がある

NG!

クライアント用に設計されたコンピュータ

サーバーは設計別にも分かれる

エンタープライズサーバー

専用に設計されたハードウェアで構成

PCサーバー

一般的なパソコンと基本的に同じ設計

サーバーはタイプ別にも分かれる

タワー型

タワー型PCと同じ形状

ラック型

収納ラックに収める

ブレード型

共有設備を備えた「エンクロージャ」に収める

ラックは通常、幅19インチ（482.6mm）で規格化されており、収納機器の高さの単位にはU（ユニット。1U＝1.75インチ＝44.45mm）が使われる

Chapter 1 ▶ 7　サーバー構築に必要なハードウェア　25

Chapter 1

8

サーバーの構築（2）
サーバー構築に必要なソフトウェア

> サーバー用のOSとサービスを提供するソフトウェアが必要

　サーバーを構築するために必要なソフトウェアは、**サーバー用のOS**と、**サービスを提供するサーバーソフト**です。

　サーバー用のOSとしては、マイクロソフト社が開発・販売している**Windows系OS**のほか、**UNIX系OS**も広く使われています。2018年3月現在、Windows系OSの最新バージョンは**Windows Server 2016**と**Windows Server バージョン1709**です。Windows系はWindows OSを採用しているクライアントを管理しやすいため、企業ネットワーク内でのサーバー用OSとしてよく使われています。

　UNIX系OSは、古くからインターネット関連サーバーのOSとして支持されてきました。広く使われているのは**Linux**で、さまざまなアプリケーションソフトウェアとセットにした**ディストリビューション**として無料のもの、企業が販売しているものがあります。前者は「Fedora」や「CentOS」「Ubuntu」など、後者は**Red Hat Enterprise Linux**（Red Hat）や**SUSE Linux Enterprise Server**（SUSE）などが代表的です。Linux以外ではアップルの**macOS Server**などがあります。

　サーバー用のOSを用意したら、サーバーが提供するサービスに応じて、サーバーソフトを導入します。ウェブサービスを提供したいなら**ウェブサーバーソフト**、メールサービスを提供したいなら**メールサーバーソフト**が必要です。また、ファイル共有やプリンタ共有など、よく使われるサービスは一般にサーバー用OSに標準装備されています。

主なサーバー用OSとアプリケーション

サーバー用OS

●Windows系（Windows Server 2016など）

Windows OSのクライアントを管理しやすい

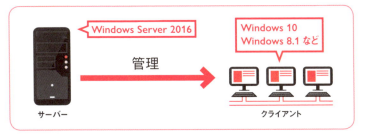

●UNIX系

インターネット関連のサーバーとして使われている

- 無料で使えるUNIX系OS「Linux」
- 企業で販売しているUNIX系OS「Red Hat Enterprise Linux」「SUSE Linux Enterprise Server」「macOS Server」など
- ディストリビューションパッケージ「Fedora」「CentOS」「Ubuntu」などLinux系が多い

サービスを提供するサーバーソフトを導入

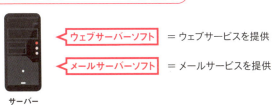

ネットワーク管理者の役割

サーバーを管理する

> 構築だけでなく管理が大きなウェイトを占める

　企業ネットワークのネットワーク管理者には、以下のような役割があります。

● **ネットワークの構築**
　どのようなネットワークにするかを考えるところ（設計）から始まり、必要なハードウェアやソフトウェアの準備、ケーブルの敷設、サーバーの設定、クライアントの設定などを行います。

● **サービスの導入**
　提供したいサービスに応じて、ソフトウェアを用意して設定します。

● **ネットワークの管理**
　ディレクトリサービスでクライアントを管理するほか、ネットワークが正常に機能するように使用状況を監視・記録し、不具合があれば対処します。

● **ソフトウェアの管理**
　サーバー用のOSやサービスを提供するソフトウェアを管理します。バージョンアップを行ったり、修正プログラム（パッチ）を適用します。クライアントのソフトウェアも管理します。

● **バックアップ**
　サーバー上のすべてのデータを定期的にバックアップします。不具合が発生した場合は、バックアップしておいたデータに戻します（リストア）。

　ネットワークの構築やサービスの導入に意識が向きがちですが、実際の現場ではネットワークの管理が大きなウェイトを占めます。また、ネットワークの構築やサービスの導入は専門の業者に依頼し、その後の管理・運用は自社のネットワーク管理者が担当するケースも見られます。

ネットワーク管理者の主な仕事

ネットワークの構築

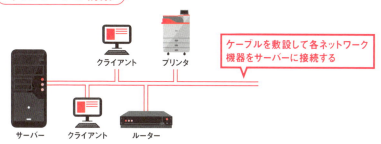

ケーブルを敷設して各ネットワーク機器をサーバーに接続する

サービスの導入

導入する各サービスに応じたソフトウェアを用意して設定する

ネットワークの管理

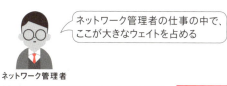

ネットワーク管理者の仕事の中で、ここが大きなウェイトを占める

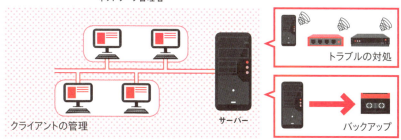

Chapter 1

▼

10

サーバーを取り巻く危険

サーバーを構築するなら
セキュリティ対策は必須

ネットワークの外からの攻撃、内からの情報漏洩に備える

　サーバーを構築・管理する立場になったら、サーバーのセキュリティ対策は非常に重要になります。

　ネットワークの危険性としては、まず外部からの攻撃が挙げられます。ハッカーに**不正侵入**されて、サーバーに保存されているデータを盗まれたり書き換えられる危険性、ウェブページやメールのデータと一緒に**ウイルスや不正プログラム**が侵入し、ネットワークに被害を与える危険性などが考えられます。対策としては、まず**不必要なサービスを停止して、サーバーやネットワーク機器の設定を正しく行うこと**です。また、ネットワークの設計段階でセキュリティを意識し、堅牢なネットワーク、堅牢なサーバーを構築するとともに、サーバー用のウイルス対策ソフトウェアやセキュリティ向上のためのサービスを導入することも大切です。そして、日々の管理をまめに行うことです。サーバーのOS、サービスを提供するソフトウェア、ネットワーク機器に組み込まれているソフトウェアのアップデートは必ず実施します。

　ネットワーク経由ではなく、USBメモリーなどの記録媒体を通じてクライアントにウイルスや不正プログラムが持ち込まれることもあります。ウイルス対策ソフトウェアは、クライアントにも導入した方がよいでしょう。

　また、外部からの攻撃を防ぐだけではネットワークは守れません。ネットワーク内部のユーザーが機密データをこっそり盗み見たり、勝手に持ち出す**情報漏洩**の危険性もあります。

　その場合、サーバー側でクライアントの管理をきちんと行うこと、サーバーやネットワークの使用状況を記録しておくことなどの対策が重要になります。実際、退職した社員のIDを残しておいたため、データを持ち出されてしまった、という事例も少なくないのです。

ネットワーク内部と外部にある危険

外部からの攻撃

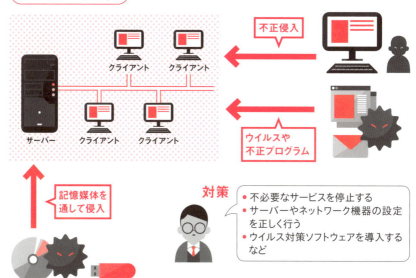

内部からの情報漏洩

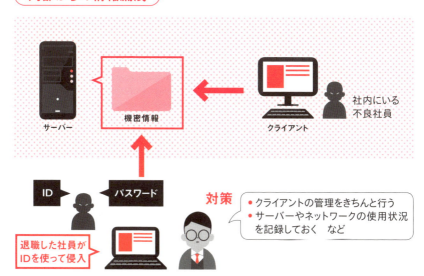

Chapter 1

11

サーバーの構築・管理を体験する

サーバー用OSの選び方と ネットワークへの接続

無償のサーバー用OSを入手して試してみよう

ネットワークの構築やサーバーの管理を学ぶために、自宅で実際にサーバーを構築してみたいと考えている人も多いでしょう。自宅に複数のパソコンがあるなら、1台をサーバーに、その他をクライアントにしてネットワークを構築することができます。

サーバー用のOSは、**Windows Server 2016**またはUNIX系OSを用意します。Windows Server 2016は、マイクロソフト社のウェブサイトで無償の評価版（最大180日まで試用可）が配布されています。UNIX系OSにするなら、無償で配布されているディストリビューションを入手するとよいでしょう。インターネットで**CentOS**や**Ubuntu**などが入手できます。

ただし、一般的な「パソコン」ではサーバー用OSが動作しない可能性もあります。事前に配布先に書かれているシステム要件を見て、CPUやメモリー容量などが要件を満たしているか確認した方がよいでしょう。

ネットワークへの接続方法を自宅で学ぶことも可能です。家庭で使われている**ブロードバンドルーター**には、DHCPサーバーの機能をはじめ、インターネットに接続する際に必要となる機能がひととおり揃っています。企業ネットワークで使用されている機器とは違うので、設定方法がそのまま役に立つわけではありませんが、「どのように設定すれば正しく動作するのか」という基本は同じです。ブロードバンドルーターの詳細な設定画面を見てみましょう。設定を変えて動作するか試してみたり、わからない用語や機能があれば調べるだけでもよい勉強になります。

サーバー用OSとルーター

サーバー用OS

● Windows系サーバーOSなら

マイクロソフト社が無償で提供している
Windows Server 2016評価版（最大180日まで試用可）

● UNIX系サーバーOSなら

インターネット上で無償で配布されるディストリビューション

ブロードバンドルーター

Chapter 1 ▶ 11　サーバー用OSの選び方とネットワークへの接続

Column

クラウドコンピューティングの種類

クラウドコンピューティングは、「SaaS」「IaaS」「PaaS」の3つに分類できます。

個々のコンピュータにインストールして使用していたソフトウェアをインターネット経由ですぐに利用できるサービスがSaaS（サース：Software as a Service）です。代表的なものに、オフィス系のアプリケーションや電子メールなどがあります。社内のPCだけでなく、社外のタブレットやスマートフォンなどからもアクセスでき、データの共有も容易なのが一般的です。以前あったASP（Application Service Provider）もインターネット経由でソフトウェアを利用できるサービスでしたが、現在ではSaaSに姿を変えています。

IaaS（イアース／アイアース：Infrastructure as a Service）は、サーバーのハードウェアやネットワーク環境などのインフラをインターネット経由で提供する形態で、ユーザーが自由にシステムを構築することができます。CPUやOS、メモリー構成なども選択でき、自由度が高い一方で、ハードウェアやOSなどの知識が必要です。さらに、アクセス数の増減など必要に応じてサーバーを容易に増強できるため、柔軟な運用が可能です。

アプリケーション開発のプラットホームとして使われるのがPaaS（パーズ／パース：Platform as a Service）です。ハードウェアやOS、データベース、プログラム開発までの環境が整っており、さまざまな開発ツールを個別のコンピュータにインストールすることなしに、必要な分だけすぐに使用できます。さらに、そのままサービスを公開することもできるため、アプリケーション開発のスピードアップが期待できます。

Chapter

2

ネットワークの基礎を
知っておこう

ここで、サーバーを接続するネット
ワークとその仕組みについて知って
おきましょう。本章では、プロトコ
ルやIPアドレス、ポート番号、MAC
アドレスなどについて解説します。

ネットワーク接続の仕組み（1）
ネットワークにつながっているとはどういうことか

データをどのようにやり取りするかを決めておく必要がある

　ここでは、新しいクライアントのコンピュータを企業ネットワークにつなぐ場合を考えてみましょう。

　単にケーブルでコンピュータと機器を接続しても、ネットワークで提供されているサービスを利用できなければ「つながった」とはいえません。サービスを利用できるということは、「クライアントがサーバーやネットワーク機器と問題なくデータをやり取りしている」ということです。ウェブサービスなら、ウェブページのデータをやり取りしています。メールサービスはメールのデータ、ファイル共有サービスは共有するファイルのデータをやり取りしています。

　つまり、ネットワークにつながっているということは、ほかのコンピュータや機器と**データをやり取りできる**、ということなのです。

　ネットワークでデータをやり取りするためには、ネットワークの中のどのコンピュータや機器とデータをやり取りするのか、データをやり取りする手順、データの内容など、さまざまなことを決めておく必要があります。その決まり事を**プロトコル**と呼びます。同じプロトコルに対応していれば、異なるOS、異なるメーカーのコンピュータや機器でも問題なくデータをやり取りできます。

　現在、ほとんどのネットワークで使われているのは**TCP/IP**というプロトコルです。インターネットもTCP/IPを採用しています。TCP/IPは1つのプロトコルではなく、データのやり取りに必要なさまざまなプロトコルの総称であり、**TCP/IPプロトコル群**とも呼びます。ネットワーク関連の話題でよく登場する「IPアドレス」の仕組みは、TCP/IPで決められています。同様に、多くのネットワーク関連の用語や仕組みはTCP/IPがもとになっています。

プロトコルの働き

「ネットワークにつながる」とは

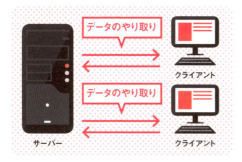

「ネットワークにつながる」とは、ネットワークのサービスを利用できる状態になること

プロトコル＝ネットワークにつながるための決まり事

ネットワークにつながらない……。

単に接続しただけでは「ネットワークにつながった」とはいえない

ネットワークにつながった！

ネットワークにつながるにはプロトコルが必要

Chapter 2
▼
2

ネットワーク接続の仕組み（2）

データはパケットで
やり取りされる

データを分割すれば効率よくやり取りできる

　ネットワークでは、データを細かく分割してやり取りします。この分割したデータのかたまりを、総称して**パケット**と呼びます。送信側は、データをパケットに分割して送り出します。受信側は、受け取ったパケットをもとどおりに組み立ててデータに戻します。

　もし、1つのデータを大きなひとかたまりのままやり取りすると、そのデータのやり取りが完了するまで、送信側と受信側のネットワークの道筋（ルート）がふさがってしまいます。ほかのコンピュータや機器は、その間は待たなければなりません。一方、パケットは小さなデータのかたまりなので、ネットワークの道筋をそれだけでふさいでしまうことはなく、複数のデータのやり取りを同時に行えます。

　また、送信の途中でデータが破損した場合、データ全体を1つの単位として扱うと、もう一度全部のデータを送り直さなければなりません。パケットに分割して送れば、破損した箇所のパケットのみを送り直せばよいので、効率的にデータをやり取りすることができます。

　データをパケットに分割する際、またデータをやり取りする際に、プロトコルによって必要な情報が付け加えられます。このとき、データの先頭に付ける情報を**ヘッダ**、末尾に付ける情報を**トレーラ**と呼びます。1つのパケットは、ヘッダ＋データ本体＋トレーラがセットになって構成されています。

　なお、パケットという呼び方は総称であり、**データグラム、セグメント、フレーム**などと区別することもあります。これらのデータ単位を**PDU**（プロトコル・データ・ユニット）と呼びます。ただし、PDUは厳密に定義されているわけではなく、同じものに対して2とおりの呼び方があるケースも見られます。また、すべて「パケット」と呼んでも間違いではありません。

パケットはネットワークを効率的にする

データを小分けにして送る

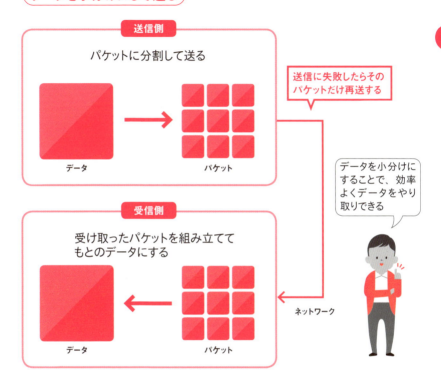

パケットの構造

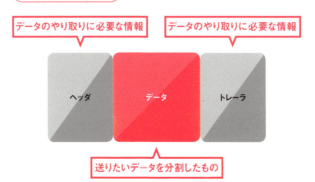

OSI参照モデルの基礎知識
プロトコルを階層で考える OSI参照モデル

プロトコルを7つの階層に分けて定義した「概念」のこと

　データをやり取りするには、ケーブルの形状からデータの内容、データのやり取りの手順など、さまざまなプロトコルが必要となります。そこで、ISO（国際標準化機構）が「これだけの決まり事をプロトコルとして定めておけば、データを問題なくやり取りできる」という概念（モデル）を作りました。それが**OSI参照モデル**です。OSI参照モデルでは、データのやり取りのどの部分を担当しているかによって、プロトコルを**7つの階層構造**で定義しています。サーバーや機器の設定時や、トラブルを解決する際などに、現在どの階層を扱っているのか、どの階層に問題があるのかを意識すると、より理解が深まります。ここでは、OSI参照モデルの下位層から上位層に向かって説明します。

　まず、通信のもっとも基本となる物理的、電気的な決まり事は第1層の**物理層**の担当になります。電気信号の条件、ピンの数や形状、ケーブルの端子の形状などがそうです。次に、直接接続されたコンピュータや機器の間のやり取りに関する決まり事は、第2層の**データリンク層**に属します。エラーの検出もここで行います。第3層の**ネットワーク層**では、直接接続されていないコンピュータや機器とデータをやり取り（ネットワークでのやり取り）するための道筋（ルート）を決めています。機器のアドレスの管理も行います。第4層の**トランスポート層**には、受信側に確実にデータを届けるための決まり事が属します。エラー制御などを行っています。ここまでが下位層です。

　上位層の第5層、**セッション層**では、データのやり取りを開始してから、終了するまでの手順を管理しています。次の第6層の**プレゼンテーション層**では、通信に適した形式にデータを変換したり、逆にアプリケーションが処理する形式にしています。最上位の第7層は**アプリケーション層**です。ここでは、アプリケーションがどのようにデータを処理するかを決めています。

7層からなるOSI参照モデル

プロトコルとは

機器の設定やトラブル解決の際は「層」を意識する

上位層	第7層	アプリケーション層	アプリケーション（ソフトウェア）がどのようにデータを処理するかの決まり事
上位層	第6層	プレゼンテーション層	データの通信に適した形式や、アプリケーションが処理する形式に変換するための決まり事
上位層	第5層	セッション層	データのやり取りを開始し、終了するまでの手順を管理する決まり事
下位層	第4層	トランスポート層	エラー制御など、受信側に確実にデータを届けるための決まり事
下位層	第3層	ネットワーク層	データをやり取りする道筋（ルート）の決め方についての決まり事
下位層	第2層	データリンク層	直接接続されたコンピュータや機器の間のやり取りに関する決まり事
下位層	第1層	物理層	ケーブルの端子の形状、電気信号の条件など物理的、電気的な決まり事

Chapter 2 ▶ 3　プロトコルを階層で考えるOSI参照モデル　　41

Chapter 2

4

TCP/IPプロトコルの基礎知識（1）

TCP/IPプロトコルは4つの階層構造をとる

階層構造をとることで、プロトコルの追加・変更が容易になる

　TCP/IPプロトコルでは、各プロトコルを4つの階層[注]に分けています。階層は上から**アプリケーション層、トランスポート層、インターネット層、ネットワークインターフェイス層**と呼びます。そして、ある階層から見て上の層を**上位**、下の層を**下位**と呼びます。

　データをやり取りするときは、各階層のプロトコルが順番に処理を行っていきます。TCP/IPプロトコルはOSI参照モデルができる前に誕生しているため、TCP/IPプロトコルの各階層をOSI参照モデルの階層にぴったり当てはめることはできません。しかし、「プロトコルを階層に分ける」という考え方は同じです。

　ところで、なぜプロトコルを階層構造に分けるのでしょうか？

　もし、データのやり取りに関する決まり事を1つのプロトコルとしてまとめてしまうと、一部を変更したいときでも、プロトコル全体を変更することになります。しかし、階層構造に分ければ、該当する部分のプロトコルだけを変更すれば済みます。また、階層構造にすることで、ある層のプロトコルを変更してもほかの層のプロトコルには影響しないというメリットがあります。つまり、**提供したいサービスやネットワーク構成に応じて、各階層のプロトコルを選択して使える**のです。例えば、ウェブサービスとメールサービスではアプリケーション層のプロトコルが異なりますが、トランスポート層から下位の層は同じプロトコルを使います。ウェブサービスだけを提供しているネットワークで、後からメールサービスも提供したいという場合、アプリケーション層にメールサービス用のプロトコルを追加するだけでよく、ほかの階層はもとからあるプロトコルを使うことができます。

　　　　　注：ネットワークインターフェイス層をデータリンク層と物理層に分け、5階層
　　　　　　　とするケースもありますが、本書では4階層として解説します。

4層から成るTCP／IPプロトコル

階層構造のメリット

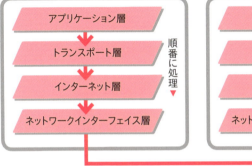

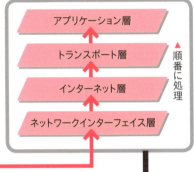

● プロトコルを1つにまとめてしまうと……

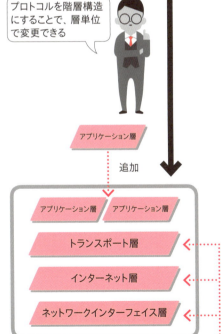

Chapter 2 ▶ 4　TCP/IPプロトコルは4つの階層構造をとる　43

Chapter 2

5

TCP/IPプロトコルの基礎知識 (2)

TCP/IPプロトコルを使ったデータのやり取りの流れ

各階層のプロトコルがデータをカプセル化する

TCP/IPプロトコルでのデータのやり取りの流れを見ていきましょう。

まず、送信側のコンピュータの**アプリケーション層**のプロトコルがデータを処理し、**トランスポート層**のプロトコルに渡します。トランスポート層のプロトコルは、受け取ったデータを分割し、トランスポート層のプロトコルが処理するために必要な情報を**ヘッダ**として付け加え、パケットを作成します。そして**インターネット層**のプロトコルに渡します。インターネット層のプロトコルは、受け取ったデータ＋ヘッダ＝パケットをひとかたまりのデータとして扱い、インターネット層のプロトコルが処理するために必要なデータをヘッダとして付加し、パケットを作成します。これらの処理を**カプセル化**と呼びます。そして、作成したパケットを次の**ネットワークインターフェイス層**のプロトコルに渡します。ネットワークインターフェイス層のプロトコルも受け取ったパケットをひとかたまりのデータとして扱い、必要な情報を**ヘッダ**と**トレーラ**として付加し、データを送信します。

受信側のコンピュータでは、ネットワークインターフェイス層のプロトコルがデータを受け取り、送信側のネットワークインターフェイス層のプロトコルが付加したヘッダとトレーラの情報をもとに適切に処理します。そして、そのヘッダとトレーラを取ってインターネット層のプロトコルに渡します。インターネット層と次のトランスポート層でも同様に、送信側のインターネット層とトランスポート層のプロトコルが付加したヘッダの情報をもとに適切に処理し、それぞれの上位の層に渡します。そして、最終的にアプリケーション層のプロトコルがデータを処理します。

このように、送信側のインターネット層で行われた処理は、受信側でも同様にインターネット層が処理します。ほかの階層も同様に、**送信側と受信側で同じ階層のプロトコルが処理を担当します**。

44

TCP/IPプロトコルを使った送受信

送受信の流れ

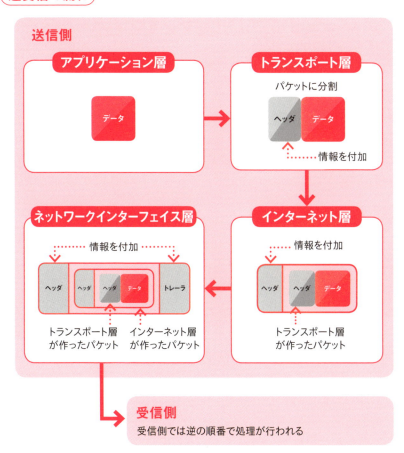

カプセル化とは

上位のプロトコルが作ったパケットをひとかたまりのデータとして扱うことをカプセル化という

Chapter 2

6

TCP/IPプロトコルの基礎知識（3）

アプリケーション層とトランスポート層の役割

ユーザーに一番近いアプリケーション層

アプリケーション層のプロトコルは、ネットワークを通じてやり取りしたデータを利用し、ユーザーにサービスを提供します。ウェブサービスを提供する**HTTPプロトコル**、メールサービスを提供する**SMTPプロトコル**、**POP3プロトコル**などが、このアプリケーション層に属します。また、受信側のアプリケーション層のプロトコルが適切にデータを処理できるように、必要な情報を付加したり、データを下位のトランスポート層のプロトコルが扱える形式にして渡すという役割も持っています。

トランスポート層のプロトコルは、**送信側から受信側までのデータのやり取りを制御する役割**を持っています。**TCP**、**UDP**がこのトランスポート層に属します。

ほとんどのデータのやり取りに使われているのがTCPです。TCPはパケットを確実に届けるために、送信側と受信側が「送りました」「受け取りました」と連絡を取り合い、もしパケットが届かなければ再送します。これを**コネクション型**と呼びます。**TCPはコネクション型のプロトコル**です。また、送信側でパケットに**シーケンス番号**と呼ばれる番号を付けます。もしデータを送る途中でパケットが届く順番が変わっても、受信側はシーケンス番号を見れば正しい順番がわかるようになっています。

これに対し、**UDPはコネクション型のプロトコルではありません。**パケットは送りっぱなしで、正しく届いたかどうかの確認はせず、シーケンス番号も付けません。きちんとデータが届く保証はありませんが、確認に費やす手間が不要です。また、確認に必要な情報を付加しないので、その分だけデータのサイズが小さくなり、早くデータを送ることができます。このため、UDPはデータ送受信の確実性よりもスピードが優先される、動画配信サービスなどで使われています。

アプリケーション層とトランスポート層

アプリケーション層

- ユーザーにサービスを提供する
- アプリケーション側がデータを適切に処理するための情報を付加する

メールサービス
ウェブサービス
など

トランスポート層

●TCP

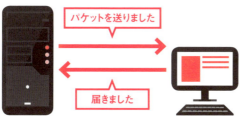

- パケットが届かなければ再送する
- パケットに順番（シーケンス番号）を付ける

送信側と受信側が連絡を取り合い、確実にデータをやり取りする
＝コネクション型

●UDP

- パケットを送りっぱなしで確認しない
- 確実ではないが、早くデータをやり取りできる

動画配信サービスなど

Chapter 2

7

TCP/IPプロトコルの基礎知識（4）

インターネット層とネットワークインターフェイス層の役割

データをやり取りするルートを決めるインターネット層

インターネット層は、送信側から受信側まで、どのような道筋（ルート）をたどってデータをやり取りするかを決める役割があります。**IPプロトコル**がこの層に属します[注]。

ネットワークの中にある、たくさんのコンピュータや機器の中からデータをやり取りする相手を特定するために、IPプロトコルが使うのが**IPアドレス**です。各コンピュータや機器には異なるIPアドレスが付けられており、「このIPアドレスを持つ相手に送る」と指定することで、正しい相手とデータをやり取りすることができます。IPプロトコルが作成するパケットのヘッダには、最終的に受信するコンピュータや機器のIPアドレスが情報として含まれています。次にそのパケットを受け取ったコンピュータや機器のIPプロトコルは、ヘッダに書かれているIPアドレスを見て、自分宛てのデータなのか、違うならどこに送ればよいかを判断します。このように、データの道筋を決めることを**ルーティング**といいます。

ネットワークインターフェイス層は、ケーブルや端子の形状、電気信号の形式など、**物理的な決まり事**を担当しています。また、データを直接やり取りする**隣同士のコンピュータや機器同士のデータのやり取り**もここで決めています。ネットワークで一般的に使われている**イーサネット**、**PPP**などがネットワークインターフェイス層に属します。

ネットワークインターフェイス層でも、コンピュータや機器を特定するために識別番号を使います。イーサネットを採用しているネットワークでは、**MACアドレス**を識別番号として使います。

> 注：インターネット層にはARP（58ページ参照）などのプロトコルもありますが、IPプロトコルを補助する意味合いが強いものとなっています。

インターネット層とネットワークインターフェイス層

インターネット層

●データが相手に届くまでのルートを決める＝ルーティング

●ルーティングの実際

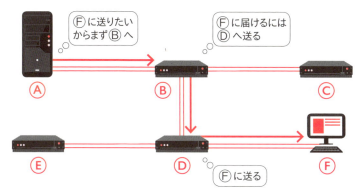

データの道筋（ルート）を選択する

ネットワークインターフェイス層

IPアドレスの役割
IPアドレスでコンピュータや機器を特定する

ネットワークの中の住所のようなもの

　IPプロトコルはコンピュータや機器を特定するために**IPアドレス**を使います。現在、インターネットや多くのネットワークで使われている**IPv4**（IPプロトコルバージョン4）では、IPアドレスは**ネットワークアドレス**と**ホストアドレス**に分かれています。ネットワークアドレスはネットワークを識別するアドレスで、ホストアドレスは個々のコンピュータや機器を識別するアドレスです。

　IPアドレスは全体で32ビット、8桁の2進数を4つ組み合わせたものですが、これを10進数にして「172.31.255.254」のように表します。用途や使用するネットワークの規模に応じて、IPアドレスはクラスA〜Eに分けられています。データのやり取りに使われているのはクラスA、B、Cの3種類です。全体の32ビットのうち、ネットワークアドレスを表す部分はクラスAが先頭から8ビット分、クラスBは16ビット分、クラスCは24ビット分あります。ネットワークアドレスを表す部分が少ないと、表せるネットワークの数は少なくなりますが、その分ホストアドレスを表す部分が大きいので、1つのネットワークに多くのコンピュータや機器を接続することができます。クラスAは大規模ネットワーク、クラスBは中規模ネットワーク、クラスCは小規模ネットワークのためのIPアドレスです。

　クラスDとEは特別なIPアドレスです。クラスDは**マルチキャストアドレス**、クラスEは実験用のアドレスです。また、ホストアドレス部分が2進数ですべて1のアドレスは、**ブロードキャストアドレス**という特殊なIPアドレスです。ブロードキャストとは、ネットワークに属するすべてのコンピュータや機器に対して、一斉にデータを送ることです。マルチキャストとは、ネットワーク内の特定のグループに属するコンピュータや機器に対して、一斉にデータを送ることです。

IPアドレスの構造

IPアドレス

例）クラスBのIPアドレス「172. 31. 255. 254」

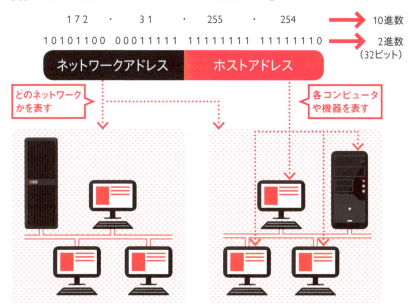

● **クラスA** ＝大規模ネットワーク

● **クラスB** ＝中規模ネットワーク

● **クラスC** ＝小規模ネットワーク

※クラスDはマルチキャストアドレス、クラスEは実験用アドレス

Chapter 2

9

2種類あるIPアドレス

グローバルIPと
プライベートIP

インターネットとローカルネットワーク内でアドレスを使い分ける

　1つのローカルなネットワークの中だけで通用するIPアドレスを**プライベートIP**（アドレス）、インターネットで使われるIPアドレスを**グローバルIP**（アドレス）と呼びます。

　プライベートIPは、ネットワークの管理者が自由に付けてよいIPアドレスです。プライベートIP用に定められた範囲を使用し、重複したアドレスを付けないというルールを守れば、自由に使うことができます。**「10.0.0.0〜10.255.255.255」（クラスA）、「172.16.0.0〜172.31.255.255」（クラスB）、「192.168.0.0〜192.168.255.255」（クラスC）** が指定されています。

　これに対して、グローバルIPはインターネットで使われているIPアドレスです。インターネットの中で重複したアドレスを使わないよう、**ICANN**という組織が管理しています。実際の管理業務はICANNから委託された各国の団体が行っており、日本では**JPNIC**（社団法人日本ネットワークインフォメーションセンター）が管理業務を行っています。インターネットを利用したい場合は、JPNICに申請してグローバルIPを取得します。一般的にはプロバイダが申請業務を行い、プロバイダが取得したグローバルIPを借りるかたちで利用します。

　企業ネットワークでは、ネットワークの中のコンピュータや機器にはプライベートIPを付けるのが一般的です。そして、直接インターネットに接続し、データをやり取りする役目を持つコンピュータや機器（ゲートウェイ。60ページ参照）にだけグローバルIPを付けます。家庭でのインターネット接続の場合も同様で、ブロードバンドルーターを利用しているならブロードバンドルーターにグローバルIPを付け、パソコンや機器にはプライベートIPを付けます。パソコンを直接インターネットに接続しているのであれば、そのパソコンにグローバルIPが付けられます。

52

プライベートIPとグローバルIPの役割

プライベートIP

● プライベートIPはローカルネットワークの中だけで通用するアドレス

規模によって3つのクラスがある

クラスA	10.0.0.0～10.255.255.255
クラスB	172.16.0.0～172.31.255.255
クラスC	192.168.0.0～192.168.255.255

グローバルIP

● グローバルIPは世界に1つしかないアドレス。インターネットで通用する

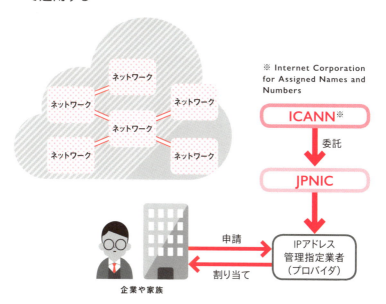

※ Internet Corporation for Assigned Names and Numbers

Chapter 2 ▶ 9　グローバルIPとプライベートIP　53

Chapter 2

10

IPアドレスの有効利用

サブネッティングとCIDR

無駄なIPアドレスを生んでしまうクラスの概念

IPアドレスを**ネットワークアドレス**と**ホストアドレス**に分ける考え方を**クラスフル**と呼びます。クラスフルの場合、クラスCでは254個、クラスBでは65,534個のように、クラスによって1つのネットワークで使えるホストアドレスの数が決まっています。例えば、300台のコンピュータや機器をつないだネットワークを作りたいとします。この場合、クラスCではホストアドレスが足りませんが、クラスBでは大量に余ってしまいます。そこで、**サブネッティング**を利用すると、クラスCのネットワークアドレスを増やすことができます。

サブネッティングでは、IPアドレスの32ビットのうち、先頭からどこまでがネットワークアドレスであるかを表す**サブネットマスク**とIPアドレスを併用することで、ネットワークアドレスとホストアドレスの数を調整します。クラスCのIPアドレスは先頭から24ビットがネットワークアドレスですが、サブネットマスクで「先頭から28ビットまでネットワークアドレス」と指定することで、表せるネットワークアドレスの数が4ビット分増え、ホストアドレスの数が減ります。増えた分で表せるようになったネットワークを**サブネットワーク**と呼びます。

クラスフルのIPアドレスにサブネッティングを使うことで、ネットワークの構成に応じて柔軟にIPアドレスを作ることができるようになります。そこで、さらにクラスの概念をなくす**CIDR**（サイダー）という考え方が登場しました。クラスフルに対して、クラスの概念がないという意味で**クラスレス**と呼びます。クラスレスのIPアドレスは、全体の32ビットのうち、先頭からどこまでがネットワークアドレスなのかをIPアドレスの後ろに「/」（スラッシュ）を付け、「172.16.10.125/24」のように表記します。この表記方法を**CIDR表記**と呼び、サブネットマスクを表記するときにも使います。

JPNICは、CIDRを採用したグローバルIPを割り当てています。

54

IPアドレスを効率的に使うための工夫

クラスフル＋サブネット

```
    192   ·   168   ·    1    ·    1    /24
11000000 10101000 00000001 00000001
```

| ネットワークアドレス | ホストアドレス |

```
    255   ·   255   ·   255   ·   240   （28ビット）
11111111 11111111 11111111 11110000
```

| サブネット |

ここまでをネットワークアドレスと指定 ‥‥‥‥ ホストアドレス

```
    192   ·   168   ·    1    ·    1    /28
11000000 10101000 00000001 00000001
```

本来のネットワークアドレス
サブネットで増えた分 ‥‥‥ ホストアドレス
ネットワークアドレスが増える

クラスレス（CIDR）

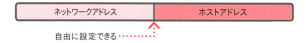

ネットワークアドレス ／ ホストアドレス
自由に設定できる ‥‥‥

● CIDR表記

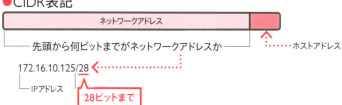

ネットワークアドレス ／ ホストアドレス
先頭から何ビットまでがネットワークアドレスか

172.16.10.125/28
└ IPアドレス   └ 28ビットまで

Chapter 2
11 アプリケーションとネットワーク

ポート番号とは

1台のコンピュータで同時に複数のサービスを利用できる

　トランスポート層のTCPプロトコルとUDPプロトコルが付けるヘッダには、**ポート番号**という情報が含まれています。ポート番号は、アプリケーションを識別するために使われます。ポートとは、アプリケーション層とトランスポート層を結ぶデータの出入口の役割を果たす仕組みです。送信側のコンピュータのポートと受信側のコンピュータのポートがつながって、データの通り道を作ります。ポートは複数作ることができるので、同時に複数のアプリケーションがデータをやり取りできます。その際、複数あるポートのうち、どのポートとデータをやり取りするのかを区別する必要があります。そこで、ポートを識別する番号＝ポート番号が付けられるのです。

　ポート番号は0〜65535番まであり、0〜1023番の**ウェルノウンポート番号**、1024〜49151番の**予約済みポート番号**、49152〜65535番の**動的・プライベートポート番号**の3種類に分けられています。

　ウェルノウンポート番号は特定の用途に使用するためのポート番号で、IANA（アイアナ）という団体が管理しています。ネットワークサービスを提供するサーバーソフトが使用する番号で、例えば「ウェブサービスを提供するウェブサーバーソフトはポート番号80番を使う」と決められています。クライアントは利用したいウェブサーバーの、ウェブサーバーソフトのポート番号が何番かを調べなくても、80番を指定すればデータをやり取りできます。

　予約済みポート番号はサービスやアプリケーションごとに割り当てられたポート番号で、IANAが登録を受け付けて管理しています。動的・プライベートポート番号はユーザーポートとも呼ばれ、自由に使えるポート番号です。クライアントは動的・プライベートポート番号の中から1つ選んで使用します。データをやり取りする際は、クライアントから「今使っているのはこのポート番号です」と相手のサーバーに通知しています。

ポート番号の役割

ポート番号とは

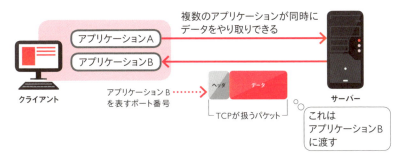

アプリケーションを識別する番号 = ポート番号 ←……… ポート番号を使ったデータのやり取りの仕組みをソケットと呼ぶ

ポート番号の種類

ウェルノウンポート番号（the Well known Ports）	0〜1023
予約済みポート番号（the Registered Ports）	1024〜49151
動的・プライベートポート番号（the Dynamic and/or Private Ports）	49152〜65535

- ウェルノウンポート番号はサーバーが使う
- 動的・プライベートポート番号はクライアントが自由に使う

主なウェルノウンポート番号

20	FTP（データ転送用）	53	DNS
21	FTP（制御用）	80	HTTP（ウェブ）
25	SMTP（メール）	110	POP3（メール）

Chapter 2

12

機器固有の物理アドレス

MACアドレスとは

ネットワークインターフェイス層が使用するアドレス

　ネットワークインターフェイス層のプロトコルが、データをやり取りする相手と自分自身を識別するために使うのが**物理アドレス**です。ネットワークインターフェイス層に**Ethernet**（イーサネット）を採用している場合、物理アドレスは**MAC（マック）アドレス**になります。MACアドレスはイーサネットカード（ネットワークカード、LANカード）の製造時に、メーカーによって付けられます。まとめると、TCP/IPにおいて、ネットワークインターフェイス層のプロトコルは**物理アドレス**、IPプロトコルは**IPアドレス**、TCP（UDP）プロトコルは**ポート番号**を使い、データをやり取りしているのです。

　実際にデータをやり取りするときは、送信側と受信側のコンピュータや機器の間に、さまざまなコンピュータや機器が存在します。そのため、最終的にデータをやり取りしたい相手だけでなく、「次に送る」相手を特定する必要があります。このときに、「最終的にデータをやり取りする相手」を特定するのがIPアドレスであり、「次に送る相手」を特定するのがMACアドレスです。

　IPパケットのヘッダには、最終的にデータをやり取りする相手のIPアドレスの情報が含まれています。この**IPアドレスは、最終的にデータをやり取りする相手に届くまで変わりません**。これに対し、Ethernetフレーム（パケット）のヘッダに含まれる**MACアドレスの情報は、「次に送る」相手に届いたら、そこからさらに「次に送る」相手のMACアドレスに書き換えられます**。最終的にデータをやり取りする相手に届くまで、それは続きます。

　なお、データのやり取りを行う際、相手先のIPアドレスは人間が指定するのでわかっていますが、MACアドレスはわかりません。そこで、インターネット層のIPアドレスからMACアドレスを調べる**ARPプロトコル**、逆にMACアドレスからIPアドレスを調べる**RARPプロトコル**が用意されています。

58

データのやり取りに必要なMACアドレス

MACアドレス＝Ethernetで使用する物理アドレス

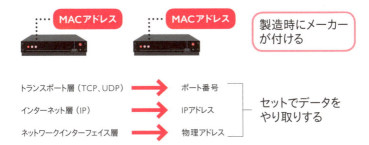

MACアドレスは順次変更される

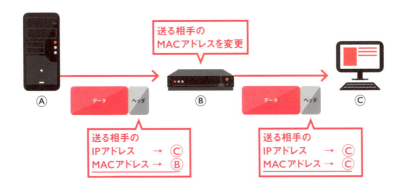

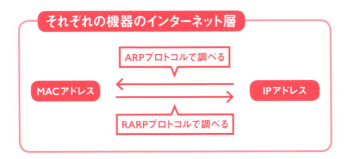

Chapter 2 ▶ 12　MACアドレスとは　59

Chapter 2

13

ほかのネットワークへの出入口

ルーターの役割

ゲートウェイとして機能し、データの道筋を選択する

ルーターは、TCP/IPのネットワークインターフェイス層とインターネット層の処理を担当するネットワーク機器です。**ゲートウェイ**と**ルーティング**機能という、2つの大きな機能を持っています。

ゲートウェイとは、**ほかのネットワークへの出入口として機能するコンピュータや機器**のことです。ネットワークの中のコンピュータや機器は、ゲートウェイを介してほかのネットワークとデータをやり取りします。ルーターはゲートウェイとしての機能を持っています。

ルーティングとは、**データの道筋（ルート）を選択する機能**のことで、TCP/IPでは**IPプロトコル**が担当します。例えば、あるネットワークから別のネットワークにデータを送りたいとします。このとき、直接接続されたネットワーク同士でデータをやり取りするならかんたんですが、別のネットワークを経由する必要がある場合や、複数のネットワークと接続している場合があります。そのため、最終目的地のネットワークにたどり着けるルートを選ぶ機能が必要となります。これがルーティングであり、「ルーティングを行う機器」という意味でルーターという名称が付けられています。

ルートの選択は、「このネットワークにデータを送るときは、このルーター宛てに送る」という情報をもとに行われています。この情報を**ルーティングテーブル**と呼びます。

このように、ルーターは基本的にゲートウェイとルーティングの機能を持つ機器ですが、多くのルーターはセキュリティ機能やネットワークの構築・運用に役立つ機能を搭載しています。家庭用のブロードバンドルーターも、基本的には家庭内のネットワークとインターネットという異なるネットワーク同士を接続する機器ですが、DHCPサーバーなどの機能が追加されているものが一般的です。

ルーター ＝ ゲートウェイ ＋ ルーティング

ゲートウェイ ＝ ほかのネットワークへの出入口

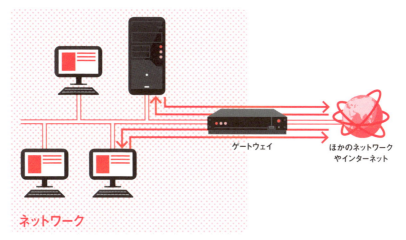

ゲートウェイを経由してデータをやり取りする

ルーティング ＝ データの道筋（ルート）を選択する機能

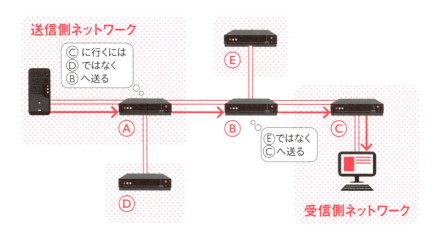

ルーティングテーブルの情報をもとにルートを選択する

Chapter 2

14

グローバルIPとプライベートIPの変換

NAT、NAPTの仕組み

グローバルIPとポート番号を組み合わせるNAPTが一般的

　一般的なネットワークでは、コンピュータや機器に**プライベートIP**を付けますが、インターネットを利用するためにはインターネットで通用する**グローバルIP**が必要です（52ページ参照）。プライベートIPのままではインターネットを利用できません。そこで、プライベートIPとグローバルIPを変換する**NAT**（ネットワークアドレス変換）という仕組みが考え出されました。

　例えば、プライベートIPを持つコンピュータが、インターネット上にあるコンピュータとデータをやり取りするとします。まず、コンピュータはネットワークの出入口であるゲートウェイにデータを送ります。データはそこからインターネットへと送られますが、問題はIPパケットに記載される送信側のIPアドレスとして、送信側のコンピュータのプライベートIPが使われることです。そこで**ゲートウェイは、IPパケットに記載されているプライベートIPをゲートウェイに付けられたグローバルIPに書き換えて**送ります。データが受信側のコンピュータに届き、今度は受信側から送信側に返信データを送ります。受信側のコンピュータは先に届いたIPパケットのヘッダを参照し、送信側アドレス＝ゲートウェイのグローバルIPを宛先としてデータを送ります。受け取ったゲートウェイは、どのプライベートIPと変換したかの記録を参照して、本来の受け取り先であるコンピュータにデータを送ります。

　しかし、NATで作成できるグローバルIP ⟺ プライベートIPの組み合わせは1つだけです。ということは、同時に行いたいデータのやり取りの数だけグローバルIPを用意しなければなりません。これでは不便なので、IPアドレスに独自のポート番号を組み合わせた**NAPT（IPマスカレードとも呼ぶ）**という仕組みが考え出されました。NAPTを使うと、グローバルIPが1つでも、グローバルIP＋ポート番号の組み合わせは複数作れるため、同時に複数のコンピュータでデータをやり取りすることができます。

プライベートIPとグローバルIPを変換する

NAT

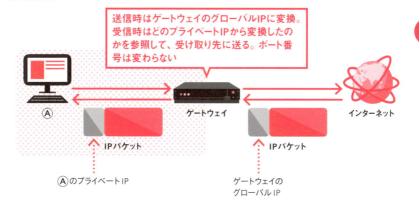

1台のコンピュータしかインターネットを使えない

NAPT

●**IPアドレス ＋ ポート番号**の組み合わせを使う

同時に複数のコンピュータでインターネットを使える

Chapter 2 ▶ 14　NAT、NAPTの仕組み　63

Chapter 2

▼
15

人間がネットワークをわかりやすく使うために

IPアドレスとドメイン名

人間が覚えやすいようにIPアドレスを置き換えたものがドメイン名

　インターネットを使ってウェブサイトにアクセスしたり、メールを送受信するときには、ウェブサーバーやメールサーバーのグローバルIPアドレスを指定します。しかし、グローバルIPアドレスは人間にとって覚えづらいものです。そこで、覚えやすいようにグローバルIPアドレスを文字に置き換えた**ドメイン名**が使われています。ドメイン名は**ICANN**という団体が管理しており、日本のドメイン名は**JPRS**（日本レジストリサービス）が管理業務を行っています。

　ドメイン名は「.」で区切られています。一番右側から順に**トップレベルドメイン**、第2レベルドメイン、第3レベルドメインと呼びます。トップレベルドメインには2つの種類があります。1つは、商業組織用の「.com」や非営利組織用の「.org」など、用途が決まっている**分野別トップレベルドメイン**（gTLD）です。もう1つの**国別トップレベルドメイン**（ccTLD）は、日本の「.jp」やイギリスの「.uk」のように国や地域を表します。

　日本のドメイン名「.jp」は3つに分類できます。**属性型JPドメイン名**では、「co.jp」（企業）や「ac.jp」（大学）のように、組織ごとに使用できるものが決まっています。一方、日本に住所があれば個人や組織に関わらず登録できるのが**汎用JPドメイン名**で、「gihyo.jp」のように.jpの前を自由に決められます。「tokyo.jp」や「osaka.jp」のように都道府県の名前を含むものは**都道府県型JPドメイン名**と呼ばれ、日本に住所があれば誰でも登録することができます。汎用JPドメイン名や都道府県型JPドメイン名では、.jpの左側で日本語を使用することも可能です。

　コンピュータがデータをやり取りする際には、ドメイン名をIPアドレスに変換する**DNSサービス**を使用し、該当するIPアドレスを使ってデータをやり取りします。

64

ドメイン名とは何か

ドメイン名

www.xxxx.co.jp

- 第4レベルドメイン
- 第3レベルドメイン
- 第2レベルドメイン

トップレベルドメイン名
- 分野別トップレベルドメイン（gTLD）
  www.xxx.com（商業組織）
  www.xxx.org（非営利組織）など
- 国別トップレベルドメイン（ccTLD）
  www.xxx.jp（日本）
  www.xxx.uk（イギリス）など

日本のドメイン名

属性型JPドメイン名

xxx.co.jp
- 自由に決められる
- 企業

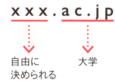

xxx.ac.jp
- 自由に決められる
- 大学

都道府県型JPドメイン名

xxx.tokyo.jp
- 自由に決められる
- 都道府県

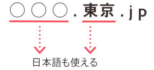

◯◯◯.東京.jp
- 日本語も使える

汎用JPドメイン名

xxx.jp
- 自由に決められる

DNSサービス＝ドメイン名をIPアドレスに変換

ドメイン名は覚えやすいが、実際のデータのやり取りにはIPアドレスが必要

Column

ドメイン名を取得するには

　自社のドメイン名を取得すると、自社のホームページを開設して独自のURLを使用したり、自社専用のメールアドレスを使用したりできます。

　ドメイン名のうち、トップレベルドメインはそれぞれレジストリ（登録管理組織）と呼ばれる組織が管理しています。日本のドメイン名「.jp」は、JPRS（日本レジストリサービス）がレジストリとして管理しています。ユーザーがドメイン名を取得する際には、レジストリから認定されたレジストラー（登録事業者）やリセラー（再販事業者）に申し込みます。すると、レジストラーやリセラーがレジストリに対して手続きを行ってくれます。

　ドメイン名を取得するには、まずレジストラーやリセラーを探します。代表的なレジストラーには「お名前.com」など、リセラーには「バリュードメイン」や「ムームードメイン」などがあります。続いて、レジストラーやリセラーのウェブサイトで希望のドメイン名が利用できるか（まだ取得されていないか）を調べて、利用できるなら契約することができます。登録時に必要な情報は、契約者の所在地や電話番号、メールアドレス、担当者名ですが、これらはドメイン管理者として公開されます。取得したドメイン名をDNSサーバーに設定することで、ウェブページやメールアドレスなどでドメイン名を使用できるようになります。

　トップレベルドメインを選ぶ際、属性型JPドメイン名「co.jp」で取得すると、自社が日本の企業であることをアピールできます。ただし、属性型JPドメイン名は1つの組織につき1つしか持てない決まりがあります。複数のドメインを自由に使いたいなら、汎用JPドメインがおすすめです。海外にも展開する企業は、「.com」などの分野別トップレベルドメイン（gTLD）を選ぶとよいでしょう。

Chapter

3

さまざまな
サーバーの働き

細かいものを含めると、サーバーの
種類はたくさんあります。本章では
ウェブサーバー、メールサーバー、
ファイルサーバー、プリントサーバー
など、代表的なサーバーをいくつか
取りあげ、その働きについて解説し
ます。

Chapter 3
1

サーバーの基礎知識

用途に合わせてサーバーを用意する

サーバーにはハードウェア、OS、ソフトウェアが必要

　サーバーは、**サーバー用のコンピュータ、OS、そして提供したいサービスに応じたソフトウェア**で構成されています。サーバーを構築する際は、まずどんなサービスを提供するのかを決めたうえで、それに合ったコンピュータ、OS、ソフトウェアを用意します。OSは一般的なパソコンで使われているものではなく、サーバー用OSを選びます。そして、用意したOSに対応しているサーバー用ソフトウェアを用意します。無償のOSやソフトウェアもあり、それらを利用することで、サーバー構築にかかる初期費用を抑えることができます。一方、有償のソフトウェアにすればユーザーサポートを受けられるというメリットがあります。

　1台のコンピュータに複数のサーバー用ソフトウェアを導入し、複数のサービスを提供することも可能です。ただし、インターネットのサービスを提供するサーバーと、ファイルサーバーなどの社内ネットワークだけで使用するサーバーを1台で構築することはセキュリティ上問題があるので、必ず別々のコンピュータを用意するようにしましょう。

　また、1台のコンピュータにサーバーの機能を集約してしまうと、トラブルが発生した場合の影響が大きくなります。例えば、ウェブサーバーとメールサーバーを1台のコンピュータでまかなっている場合、そのコンピュータが停止すると、ウェブとメール両方のサービスが停止してしまいます。別々のコンピュータにしておけば、1台が停止してももう1台は無事なので、すべてのサービスが停止するという事態は避けられます。1台に集約することで、クライアントからサーバーへのアクセスが集中し、スムーズにサービスを提供できなくなる可能性も考えられます。サーバーとして使うコンピュータの台数を増やせばそれだけ管理の手間やコストが増えますが、サーバー用のコンピュータはなるべくサービスごとに用意した方がよいでしょう。

68

サーバーに必要なものと使い方

サーバーに必要なもの

1台のサーバーにサービスを集約させたときの問題

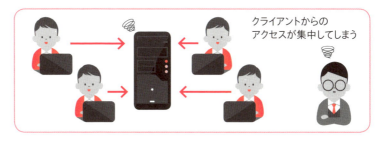

Chapter 3

2

ファイルやプリンタを共有する
ファイルサーバーと
プリントサーバー

ネットワークサービスの基本となるファイル共有・プリンタ共有

ファイル共有サービスとプリンタ共有サービスは、企業ネットワークで最もポピュラーなサービスといえるでしょう。ファイル共有サービスを提供するサーバーを**ファイルサーバー**、プリンタ共有サービスを提供するサーバーを**プリントサーバー**と呼びます。サーバー用のWindows OSには、ファイル共有サービスやプリンタ共有サービスを提供するサーバー用ソフトが標準で装備されているので、別途ソフトウェアを用意する必要はありません。ただし、より高機能なソフトウェアや、専用のサーバー機を導入することも可能です。

ファイル共有サービスでは、各ユーザーがファイルサーバー上にファイルを保存します。ほかのユーザーは、自分が使用するクライアントからそのファイルにアクセスし、与えられたアクセス権限に応じて閲覧・変更ができます。これによって、ファイルの内容をプリントアウトして配らなくても、簡単に情報を共有することができます。企業ネットワークでは、ディレクトリサービスと併用するなどして部門別・クライアント別にアクセス権限を設定し、各クライアントが必要なファイルだけにアクセスできるよう管理します。

プリンタ共有サービスは、複数のクライアントでプリンタを共有するサービスです。クライアントはプリントサーバーを介してプリンタを利用します。クライアントにUSBなどで直接接続されているプリンタを共有する方法もありますが、そのクライアントが起動していないとプリンタを使えません。常時稼働しているプリントサーバーを用意することで、クライアントはいつでも使いたいときにプリンタを利用できます。

なお、最近は本体にプリントサーバー機能やネットワーク機能を内蔵しているプリンタも増えています。この場合は、ネットワークにプリンタを接続すればプリントサーバー機能を利用できます。

ファイル共有サービスとプリンタ共有サービスの仕組み

ファイル共有サービス

プリンタ共有サービス

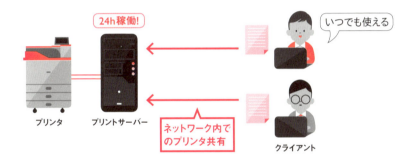

●もしクライアントにプリンタを接続して共有すると……

Chapter 3 ▶ 2　ファイルサーバーとプリントサーバー

Chapter 3

手軽にインターネットに接続できるようにする

DHCPサーバーの働き

データのやり取りに必要な情報を自動的にクライアントに配布する

　TCP/IPネットワークでは、ネットワークに参加するすべてのコンピュータや機器にそれぞれ異なるIPアドレスを付ける必要があります。小規模ネットワークなら、手作業でIPアドレスを付けてもよいのですが、企業ネットワークなど多くのコンピュータや機器がある場合、非常に手間がかかります。また、同じIPアドレスを付けないよう管理するのも大変です。そこで、IPアドレスなど、データのやり取りに必要な情報を自動的に配布する**DHCP**（Dynamic Host Configuration Protocol）サービスを利用します。

　DHCPサービスを提供するDHCPサーバーは、**IPアドレス**、**サブネットマスク**、外部ネットワークとの出入口である**デフォルトゲートウェイ**のIPアドレス、DNSサーバー自身のIPアドレスなどの情報をクライアントに配布します。クライアントのOSにはDHCPサービスを利用するためのソフトウェアが標準装備されているので、ユーザーは「DHCPサービスを利用する」という設定をするだけで準備は完了です。

　クライアントにIPアドレスを配布するときは、DHCPサーバー側で「ここからここまでのIPアドレスを使う」というIPアドレスの範囲と有効期限を設定します。新しいクライアントがネットワークに参加したら、自動的にDHCPサーバーが範囲内のIPアドレスから使われていないものを選んで配布します。

　IPアドレスには有効期限がありますが、通常は一度取得したアドレスを保持し続けます。ただし、クライアントの電源を切ってから有効期限が過ぎると、そのIPアドレスが回収されることがあります。すると、クライアントは再度DHCPサービスを利用して新しいIPアドレスを受け取り、設定します。この場合は、クライアントのIPアドレスは変わります。これはIPアドレスを有効に活用するための仕組みですが、IPアドレスを固定したいサーバーや機器には、サーバー管理者が手動でIPアドレスを設定します。

DHCPサービスの仕組みとメリット

DHCPサービス

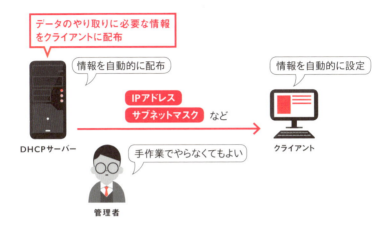

DHCPサービスを使うメリット

- IPアドレスの管理が楽になる
- IPアドレスを有効活用できる

管理者

- 「DHCPサービスを利用する」と設定するだけで自動的にIPアドレスなどがコンピュータに設定される

ユーザー

常に同じIPアドレスにしておきたい（IPアドレスを固定したい）機器には手動でIPアドレスを付けるか、DHCPで固定アドレスを割り当てる

Chapter 3

グローバルIPとドメイン名を変換する

DNSサーバーの働き

グローバルIPとドメイン名を変換するサービスを提供する

　DNS（Domain Name System）は、インターネットで使用されているIPアドレスとドメイン名やホスト名を対応させる仕組みです。DNSサービスを提供するのがDNSサーバーで、ネームサーバーとも呼ばれます。DNSサービスは、インターネットを利用するうえで必須のサービスです。ネットワークを敷設する際は、必ずDNSサーバーを構築します。

　DNSは、ルートサーバーと呼ばれるDNSサーバーを頂点とした階層構造をとっています。例えば、クライアントが「www.xxxx.co.jp」というドメイン名に対応するグローバルIPアドレスを知りたいとします。まず、クライアントはリゾルバというソフトウェアを使用して、自分のネットワークに配置されたDNSサーバーにアクセスします。TCP/IPに対応しているOSは標準でリゾルバを装備しています。クライアントが最初にアクセスする、自分のネットワークに配置されたDNSサーバーはフルサービスリゾルバまたはDNSキャッシュサーバーと呼ばれ、クライアントの要求に応えてグローバルIPアドレスを調べる役割があります。フルサービスリゾルバはまずルートサーバーにアクセスし、「www.xxxx.co.jp」のグローバルIPアドレスを尋ねます。ルートサーバーはトップレベルドメインを管理するDNSサーバーの情報を持っています。この場合、ルートサーバーはフルサービスリゾルバに対して、トップレベルドメイン「jp」を管理するDNSサーバーを教えます。続いて、フルサービスリゾルバは教えてもらったDNSサーバーに再度問い合わせます。

　このように、フルサービスリゾルバはトップレベルドメインから順番に管理しているDNSサーバーを教えてもらい、最終的に第4レベルドメインを管理しているDNSサーバーにたどり着き、そこで対応するグローバルIPアドレスを教えてもらいます。そのグローバルIPアドレスをクライアントに教えると、クライアントはそれを使ってデータのやり取りを始めることができます。

グローバルIPアドレス問い合わせの手順

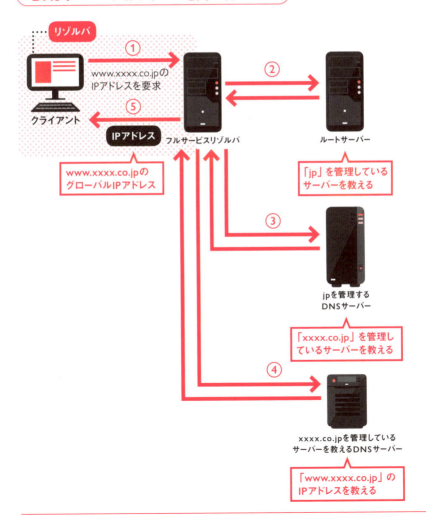

Chapter 3

時刻を合わせる

NTPサーバーの働き

正確な時刻をNTPサーバーから取得する

　コンピュータやネットワーク機器に内蔵されている時計の時刻が正確でないと、データのやり取りや、データのやり取りを記録する際に不具合が生じる可能性があります。常に正しい時刻に合わせておくために、時刻を同期させる**NTP**（Network Time Protocol）サービスを利用します。

　NTPサービスは階層構造をとっており、最も上位にあるNTPサーバーはGPSなどから正確な時刻を取得しています。下位のNTPサーバーは、最上位のサーバーから提供された時刻を取得し、さらに下位のNTPサーバーやクライアントに時刻を提供します。

　企業ネットワークでは、ネットワーク内にNTPサーバーを構築するのが一般的です。クライアントはそのNTPサーバーから正確な時刻を取得します。こうすることで、ネットワークに参加しているコンピュータや機器の時刻が統一されます。ネットワーク内に構築したNTPサーバーは、契約プロバイダが提供するNTPサーバーなど、上位のNTPサーバーにアクセスして正確な時刻を取得します。一般公開されているNTPサーバーにアクセスする方法もありますが、公開サーバーには多くのアクセスが集中し、サーバーに負荷がかかりすぎるという問題があります。遠くのNTPサーバーより、近くのNTPサーバーにアクセスした方がより正確な時刻を得られることもあるので、契約プロバイダが提供するNTPサーバーから時刻を取得するのがよいでしょう。

　Windowsネットワークで**Active Directory**を稼働させるには、NTPサービスで時刻を同期させることが必須です。そのために、Active Directoryサービスの認証機能を担当するWindowsサーバーの**ドメインコントローラ**がNTPサーバーの役割を果たしており、クライアントは自動的にドメインコントローラと時刻を同期する仕様となっています。

コンピュータの時刻合わせの手順

コンピュータや機器の時刻を合わせる

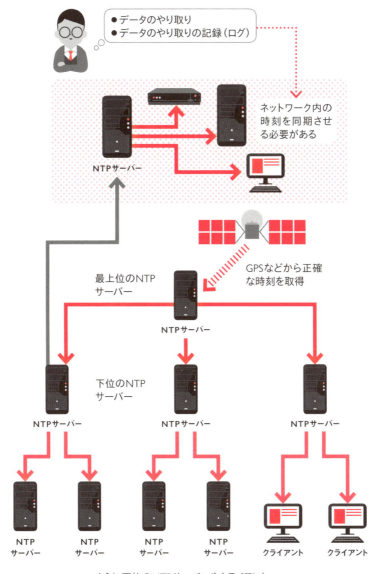

Chapter 3 ▶ 5　NTPサーバーの働き　77

Chapter 3
6 ウェブを公開する

ウェブサーバーの働き

> クライアントから要求されたデータを送るシンプルな仕組み

　インターネットの代名詞ともいえる**ウェブサービス**は、クライアントがウェブサーバーにデータを要求し、それに応じてウェブサーバーがデータを送るという、シンプルな仕組みのサービスです。データのやり取りには、TCP/IPのアプリケーション層に属する**HTTPプロトコル**が使われます。ウェブサービスを提供するには、ウェブサーバー用ソフトウェアが必要です。クライアントもウェブサービスを利用するソフトウェアを用意します。これを**ブラウザソフト**と呼びます。

　ウェブサーバーとクライアントとのデータのやり取りの流れを見てみましょう。まず、クライアントからウェブサーバーに、HTTPプロトコルの決まりに沿って「このデータを送ってください」と要求します。ウェブサーバーは「要求されたら送るデータ」つまり公開するデータを所定のフォルダにまとめて管理しています。要求を受け取ったウェブサーバーは、所定のフォルダの中から指定されたデータを選んでクライアントに送り返します。そして、クライアントのブラウザソフトは、そのデータを解析して表示します。受け取ったデータの中にさらに「このウェブサーバーの、このデータが必要」という記述があれば、再度ウェブサーバーに要求を送り、データを送ってもらいます。

　クライアントがデータを要求するときに使うのが**URI**（Uniform Resource Identifier）です。URIは情報資源（リソース）を特定するために定義された記述方式で、「http://www.xxxx.co.jp/directory/index.html」のように記述します。最初の「http」の部分を**スキーム**と呼び、クライアントのブラウザソフトはそれを見て、どのような方法でデータをやり取りするかを判断します。スキームがhttpなら、HTTPプロトコルでデータをやり取りすることになります。スキームの後に続く部分で、データを管理するサーバー名、サーバーが管理するフォルダやファイル名などを指定し、要求するデータを特定します。

ウェブサービスの仕組みとURIの構造

ウェブサービス

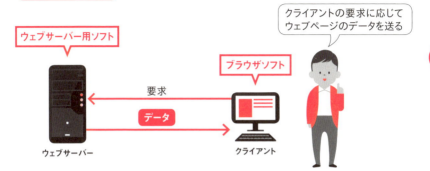

ウェブサービスの仕組み

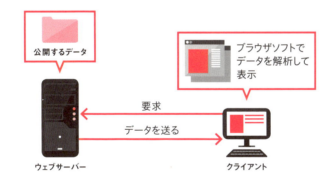

URI

一般的にはURLと呼ばれているが、正式にはURIと呼ぶ。URIという仕組みの一部としてURLがある

Chapter 3
7

ウェブページはどのように作られているか

ウェブページを構成する技術

> HTMLで記述したテキストにさまざまなコンテンツを組み合わせる

　ウェブサーバーが公開するウェブページは、**WWW**（World Wide Web）という仕組みで作られています。WWWとは、ネットワークでドキュメント（文書）を公開するための仕組みのことで、ドキュメントとドキュメントを関連付けて呼び出す**ハイパーリンク**が特徴です。ウェブページの「リンク」がわかりやすい例でしょう。ユーザーがリンクをクリックすると、ほかのドキュメント（ウェブページ）を呼び出して閲覧できます。このとき、ユーザーは「呼び出したドキュメントがどのウェブサーバーに保存されているのか」を意識することはありません。これもWWWの大きな特徴の1つです。また、画像などを呼び出して、ドキュメントの中に組み込んで表示させることもできます。

　WWWのドキュメント、つまりウェブページは一般的に**HTML**（HyperText Markup Language）で記述します。HTMLでは、ドキュメントの構造やレイアウト情報、ハイパーリンクで呼び出す画像などの情報、リンクの情報などを、**タグ**と呼ばれる命令を使用して記述します。ハイパーリンクでほかのデータを呼び出す際は、**URI**でそのデータのありかを指定します。

　クライアントがWWWの仕組みを利用してドキュメントを閲覧するときに使うのが**ブラウザソフト**です。ブラウザソフトの基本的な機能はHTMLを解析して表示することですが、現在では動画プレイヤーと連携し、動画配信専用のサーバーからコンテンツをダウンロードして表示するなど、多彩な機能を持つようになりました。また、ブラウザソフトはHTMLだけでなく、JavaScriptやXMLなどほかの言語にも対応しています。

　ウェブサーバーを構築・管理するスキルと、ウェブページを作成するスキルは別物です。ただし、ウェブページの基本を押さえておくと、ウェブサーバーの設定をする際に、設定内容がどのような意味を持つのかをより深く理解できます。ウェブページのひととおりの基礎知識を持っておくと有利です。

WWWとHTML

WWW（World Wide Web）

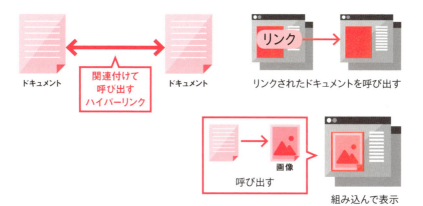

HTMLでWWWドキュメントを記述

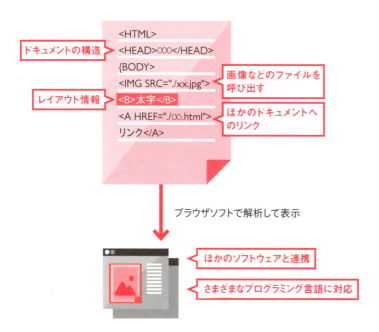

Chapter 3 ▼ 8

動的ページとは何か

ウェブサーバーでプログラムを動作させる

ほかのプログラムと連携して動的にウェブページを生成する

　事前に作成されて、ウェブサーバーが管理する所定のフォルダに保存されているウェブページを**静的ページ**と呼びます。これに対して、クライアントの要求があったときに生成されるウェブページを**動的ページ**と呼びます。掲示板のように、ユーザーからの入力データや操作を反映するウェブページは動的ページです。クライアントの要求があった時点での商品在庫数を表示するなど、サイト配信側が持つデータに応じて動的ページを生成することも可能です。

　動的ページを生成する仕組みとして、よく利用されているのが**フレームワーク**です。フレームワークはアプリケーションなどの開発に用いられるツールで、基本的な機能やよく利用される機能を部品として提供します。用意されている部品から必要なものを組み合わせ、用途に応じてカスタマイズすると、動的ページを生成する**ウェブアプリケーション**を開発することができます。ウェブサーバーは、クライアントから受け取ったデータをウェブアプリケーションに渡し、その結果をクライアントに送り返すことで動的ページを実現します。代表的なフレームワークに「Ruby on Rails」や「Struts2」があります。

　ウェブサーバーソフトに**モジュール**という処理ソフトを組み込んで、連携させる方式を採用しているのが**PHP**です。PHPは動的にウェブページを生成するために開発されたプログラミング言語で、データベースソフトとの連携に優れているのが特徴です。PHPは「CakePHP」「Symfony」「Laravel」などのフレームワークで利用できます。

　ユーザーから「ブログを開設したい」「閲覧者がレイアウトをカスタマイズできるようにしてほしい」といった希望がある場合、これらは動的ページなので、ウェブサーバー管理者はフレームワークを利用して、動的ページを生成する環境を整える必要があります。

静的ページと動的ページ

静的ページ

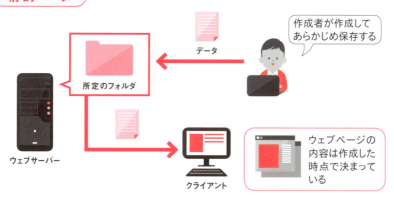

動的ページ

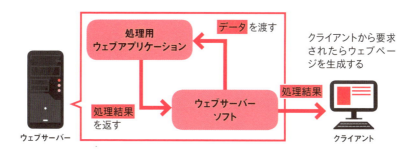

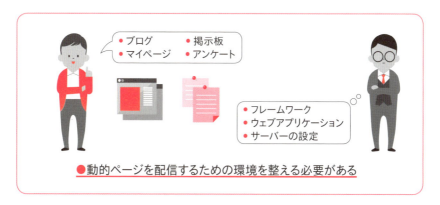

●動的ページを配信するための環境を整える必要がある

Chapter 3 9

メールを送受信する

SMTPサーバーの働き

相手のメールボックスまでデータを送り届ける

　メールサーバーとは、**SMTP**（Simple Mail Transfer Protocol）サーバー、**POP3**（Post Office Protocol Version3）サーバー、**IMAP**（Internet Message Access Protocol）サーバーの総称です。メールソフトの設定では、SMTPサーバーは「送信用サーバー」、POP3サーバーとIMAPサーバーは「受信用サーバー」と表現されます。これはクライアントからの視点で、サーバーから見るとメールの受信もSMTPサーバーの役割です。POP3サーバーとIMAPサーバーは、クライアントが保存された自分宛てのメールを取得する際に使われます。

　SMTPサーバーのメールのやり取りを追ってみましょう。まず、送信側のクライアントは、メールソフトで送信用サーバーとして設定してあるSMTPサーバーにメールのデータを送ります。すると、送信側のSMTPサーバーは、宛先メールアドレスの＠の後にあるドメイン名を見て、どのSMTPサーバーに送信すればよいのかをDNSサーバーに問い合わせ、受信側のSMTPサーバーにメールを送ります。受信側のSMTPサーバーはメールを受け取り、宛先メールアドレスの＠の前にあるアカウント名を見て、そのアカウントのメールボックスに保存します。メールボックスとは「アカウントごとに区分けされたメールの置き場所」のことです。これでメールのやり取りは一旦終了です。まだメールは相手ユーザーには届いていませんが、ここから先はPOP3サーバーやIMAPサーバーが担当します。

　なお、従来のSMTPには認証機能がなく、迷惑メールの業者にSMTPサーバーが悪用されることがありました。そこで、認証機能を追加した**SMTP認証**という仕組みが作られ、外部のネットワークからSMTPサーバーを利用する場合などに使われています。

メールが受信側のSMTPサーバーに届くまで

3種類のメールサーバー

メールデータのやり取り

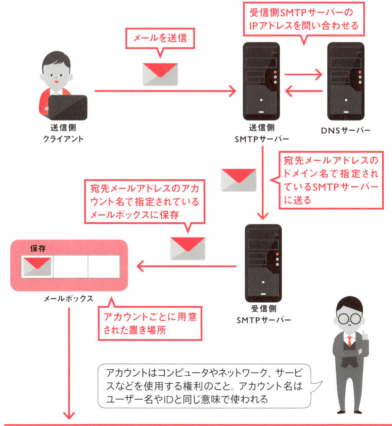

3-10、11に続く（ここから先はPOP3サーバー、IMAPサーバーの担当）

Chapter 3

10

クライアントがメールを受け取る

POP3サーバーの働き

> メールボックスに保存されたデータをクライアントが後で受け取る

　メール送信の流れは、**送信側クライアント→送信側SMTPサーバー→受信側SMTPサーバー→メールボックス**で一旦終了します。ここまでは**SMTPサーバー**が担当します（前ページを参照）。

　この後、受信側クライアントがメールソフトを使って、メールボックスに保存されているメールを取得します。この**メールボックス→受信側クライアント**というメールの流れを担当するのが**受信用サーバー**です。受信用サーバーには、**POP3サーバー**とIMAPサーバーがあります。

　POP3サーバーを使用する場合は、まず、受信側クライアントがメールソフトで設定したPOP3サーバーにアクセスし、自分のメールボックスに保存されているメールデータを要求します。このとき、クライアントは自分のアカウント名とパスワードを送信して、メールボックスを使う権利があることを証明します。クライアントからの要求を受け取ったPOP3サーバーはアカウント名とパスワードを認証し、メールボックスに保存されているメールをクライアントに送ります。これで、送信側クライアントが送ったメールが受信側クライアントにダウンロードできました。

　POP3サーバーを使用すると受信したメールはクライアント上に保存されるため、インターネットに接続できない状況でも、受信後のメールならば読むことができます。受信後のメールはサーバーのメールボックスから削除する設定にすれば、サーバーのディスク容量を心配する必要もなくなります（受信後のメールをサーバーに残す設定も可能です）。一方で、パソコンを買い替えるときや、複数のクライアントからメールを利用する際には、メールを保存しているクライアントからメールをコピーするなどの手間が必要になります。

受信側クライアントがメールを受け取るまで

メールボックスとクライアント間のやり取り（POP3の場合）

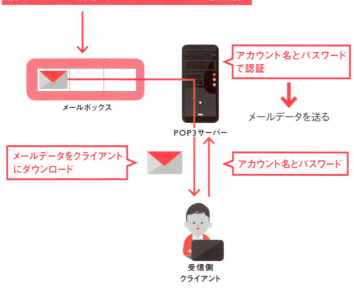

● メールデータの流れは2つに分けられる

① **SMTP**

送信側クライアント ⇒ 送信側SMTPサーバー ⇒ 受信側SMTPサーバー ⇒ メールボックス

② **POP3、IMAP**

メールボックス ⇒ 受信側クライアント

Chapter 3
11

複数の端末で利用できる

IMAPサーバーの働き

サーバーに保存したままクライアントからメールを読める

　受信側クライアントとして、パソコンだけでなくスマートフォンやタブレット、ノートパソコンなど複数の端末を使用して、いつでもどこでもメールを確認したいというニーズが高まっています。そのようなときにPOP3サーバーに代わってよく利用されるのが、メールをサーバーに保存したまま管理できる**IMAPサーバー**です。

　IMAPサーバーを利用するには、POP3サーバーと同様に、メールソフトの受信用サーバーにIMAPサーバーを指定します。クライアント用メールソフトがIMAPサーバーにアクセスし、自分の**アカウント名**と**パスワード**を送信すると、**メールボックス**の内容を表示します。POP3ではメールをクライアント上にダウンロードして保存しますが、IMAPではメールをキャッシュしてメールソフトで表示するだけです。ただし、どのメールを読んだかなどの状態を記録しています。この機能のおかげで、会社ではデスクトップパソコン、出張時はノートパソコン、外出中はスマートフォンといったように、複数のクライアントで同じメールボックスにあるメールを読むときでも、どこから読めばいいかすぐにわかるようになっています。また、使用しているクライアントが壊れても、別のクライアントでメールソフトの設定をするだけで、メールを確認できるというメリットもあります。

　ただし、インターネットに接続できない状況ではIMAPサーバーにも接続できないので、メールを利用できません。また、メールはIMAPサーバー上に蓄積されるため、サーバーのディスク容量に余裕が必要です。

　なお、受信用メールサーバーの中には、POP3サーバーとIMAPサーバーの両方の機能を備えたものもあります。

受信側クライアントがメールを受け取るまで

メールボックスとクライアント間のやり取り（IMAPの場合）

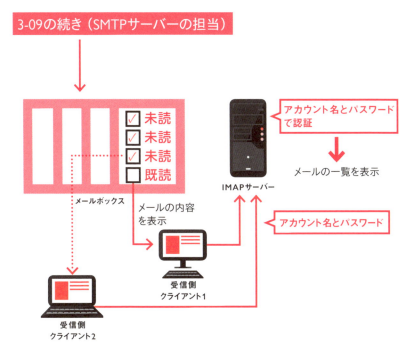

メリットを知って、POP3とIMAPを使い分ける

Chapter 3

▼

12

データをやり取りする

FTPサーバーの働き

> サーバーとクライアントの間で効率よくデータをやり取りする

FTP（File Transfer Protocol） サービスは、サーバーとクライアントの間で効率よくデータをやり取りするためのサービスです。サーバーにあるデータをクライアントに転送することを**ダウンロード**、クライアントにあるデータをサーバーに転送することを**アップロード**と呼びます。サーバー用のWindows OSには、標準でFTPサーバーソフトが用意されています。また、クライアントはブラウザソフトや専用ソフトでFTPサービスを利用できます。

FTPサーバーは、ソフトウェアなど大容量のデータをインターネット上で配布するときに使われています。取引先企業など外部ネットワークのクライアントとデータを共有するために、FTPサーバーを構築するケースもあります。FTPには認証機能があり、アカウントごとに利用できるフォルダを分けたり、「閲覧のみ可能で、アップロードやファイルの削除は不可」といった使用条件を設定することが可能です。

FTPサーバーは、ポート番号20と21の2つを使用します。20はデータ本体のやり取り、21は制御用のデータのやり取りに使われます。制御用のデータはFTPサーバーにさまざまな命令を送るためのデータで、**コマンド**と呼ばれます。ファイルの転送、削除、ファイル名の変更、フォルダ作成、サーバー側に保存されているファイル一覧リストの送信など、さまざまなコマンドが用意されています。ただし、FTPでやり取りする際、ユーザー名やパスワードを含む通信内容が暗号化されていないため、悪意のある人に盗み見られてしまう危険があります。そこで通信内容をSSL/TLS（178ページ参照）で暗号化する**FTPS**（File Transfer Protocol over SSL/TLS）や、SSH（Secure Shell）というプロトコルで暗号化する**SFTP**の使用が推奨されています。なお、サーバー用のWindows OSのFTPサービスではFTPSが利用できます。

サーバー―クライアント間のデータのやり取りの仕組み

FTPサービス

- ソフトウェアをインターネットで配布
- ウェブページのデータをウェブサーバーにアップロード
- 外部ネットワークとのデータ共有　など

FTPサービスはやり取りが暗号化されていない

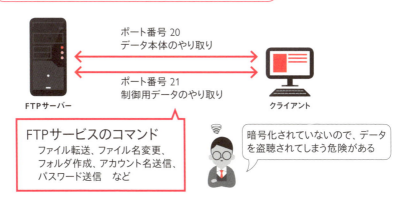

やり取りを暗号化するFTPS

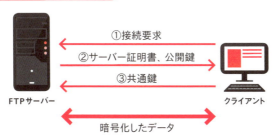

Column

動画配信とYouTube

動画共有サイト「YouTube」が人気を集めています。

YouTubeは、誰でも自分で撮った動画を手軽に投稿でき、世界中の人が見てコメントを書いてくれる、動画の新しい楽しみ方を提案したサービスです。

もちろん、このYouTubeのような動画サイトでもサーバーが使われています。例えば、ユーザーが動画をYouTubeに投稿すると、その動画はYouTubeのサーバーに保管されます。ほかのユーザーはキーワードなどで検索して、目的の動画を見つけたら、その動画を再生して楽しむことができます。これは、本章でも解説したFTPサーバーにファイルをアップロードしたり、アップロードされているファイルの中から目的のファイルを探してダウンロードしたりするのとよく似ています。YouTubeが優れているのは、動画を比較的小さいサイズにできるだけでなく、ほとんどのクライアント端末で再生できるファイル形式を採用して、気軽に投稿したり再生できるようにしたことでしょう。

現在では、数多くの動画投稿サイトや動画配信サイトが登場していますが、夜間などユーザーの多い時間帯には、動画が再生できなくなったり、途中で再生が止まってしまうサイトも珍しくありません。これは、ユーザーからのリクエストがサーバーの処理機能をオーバーするほど混雑しているのが原因です。動画サイトには、それだけ高性能のサーバーが必要だということがわかります。また、インターネットの回線が混雑して動画が再生しにくくなるケースもあります。快適に動画を見られるようにするクライアント用のアプリケーションも登場していますが、今後の技術のさらなる進歩に期待したいものです。

Chapter

4

社内用 Windows サーバーを構築する

サーバーの仕組みや働きについて理解したところで、本章ではファイルやプリンタの共有など、社内用のサーバーを構築するのに必要な環境や方法などを解説します。

基本となるハードウェアとOS

サーバーとして使用するコンピュータとOSを用意する

サーバーに適したコンピュータとOSを選ぶ

　まず、社内サーバーとして使用するコンピュータとサーバー用のOSを用意します。社内サーバー用のOSとしては、UNIX系OSや**Windows Server 2016**が広く使われています。本書では、Windows Server 2016を使用することにします。

　Windows Server 2016を稼働させるコンピュータは、CPUの種類や速度、ハードディスクの空き容量などの「システム要件」を満たす必要があります。マイクロソフト社はWindows Server 2016をインストールするために必要な「最小システム要件」を公開しています[注]。なお、システム要件はサーバーの役割によって異なります。サーバーを快適かつ安定的に運用するためには、各役割のドキュメントを確認して、システム要件を満たしてスペック的に余裕があるコンピュータを選択しましょう。

　市販のコンピュータには、一般向けに設計された製品と、サーバー用に設計された製品があります。サーバー用のコンピュータの方が安定性が高いのが特徴ですが、価格も高くなります。もちろん、サーバー用OSは一般向けとサーバー用のどちらのコンピュータでも動きます。

　Windows Server 2016には、3つのエディションがあります。**Windows Server 2016 Essentials Edition**は、25ユーザーおよび端末が50台以下の小規模な企業向きです。一般的な規模のシステムに向くのが、**Windows Server 2016 Standard Edition**です。仮想化されていない環境にも向いています。**Windows Server 2016 Datacenter Edition**は、データセンターのように高度に仮想化されたシステムに向いています。

　　注：Windows Server 2016のシステム要件（2017/10/17）
　　　https://docs.microsoft.com/ja-jp/windows-server/get-started/system-requirements

サーバー用OSの要件を満たすハードウェア

Windows Server 2016の最小システム要件

モニターの最小要件は、Super VGA（1024×768ピクセル）以上

	最小システム要件
CPU	1.4GHzの64ビットプロセッサ ・x64命令セット対応 ・NXとDEPのサポート ・CMPXCHG16b、LAHF/SAHF、および PrefetchWのサポート ・第2レベルのアドレス変換（EPTまたはNPT）のサポート
メモリー	512MB以上
ハードディスクの空き容量	32GB以上 ・PATA（パラレルATA）、IDE、E-IDEは使用できない
ネットワークアダプター	PCI Express準拠で1Gbps以上

サーバーの役割に合った推奨システム要件を満たすようにする

Windows Server 2016の3つのエディション

- Windows Server 2016 Essentials Edition……小規模企業向け。25ユーザー、50台以下
- Windows Server 2016 Standard Edition……一般的な規模、非仮想化環境向け
- Windows Server 2016 Datacenter Edition……高度に仮想化されたデータセンター向け

Chapter 4

2

ユーザーやコンピュータを管理する

ドメインとワークグループ

ネットワークの管理方法によってどちらかを選ぶ

クライアント／サーバー環境では、複数のクライアントからサーバーに保存したファイルを利用したり、プリンタにアクセスしたりします。そのためまず最初に、ネットワークに名前を付けたり、システムを利用できるユーザーの権限を設定するなどの作業が必要となります。

Windows Server 2016では、そのコンピュータが所属するネットワークの名前として、ドメインとワークグループの2つの種類があります。

Windows Server 2016のActive Directoryは、クライアントのPCやユーザーのIDをわかりやすく一元管理することができる、中心的な機能の1つです。このActive Directoryで使用するのが「ドメイン」です。Active Directoryに登録されたクライアントPCやユーザー情報をグループごとにまとめて管理します。このグループのことを「ドメイン」と呼んでいます（DNSでのドメインとは異なります）。ユーザーやクライアントPCの数が多いときは、ドメインを使用した方が効率よく管理することができます。

ドメインは、ユーザー単位でコンピュータやユーザーを管理します。ドメインに登録されたユーザーは、同じドメイン内であれば、どのクライアントPCを使っても同じ環境で作業ができるようになります。

一方の「ワークグループ」は、コンピュータ単位でコンピュータやユーザーを管理する方式です。Active Directoryを使用しない場合は、ワークグループの設定が必要となります。

なお、ワークグループやドメインに参加させるユーザーのPCには「コンピュータ名」を付けます。コンピュータ名に漢字やカタカナを使うことも可能ですが、日本語に非対応のアプリケーションは正常に動作しない可能性があります。コンピュータ名はアルファベットと数字で設定しましょう。

ドメインかワークグループを設定する

ドメインとワークグループ

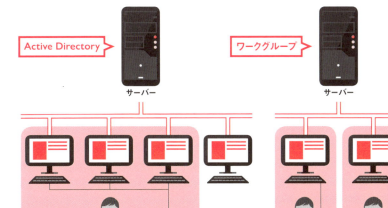

ワークグループ／ドメインの設定方法

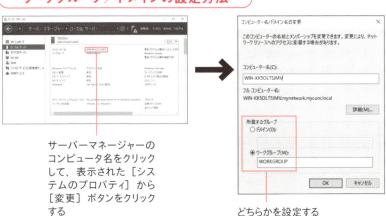

Chapter 4 ▶ 2　ドメインとワークグループ

サーバーの設定と管理を行う

サーバーマネージャーとは

ウィザード方式で使いやすいサーバー管理機能

　サーバーマネージャーは、Windows Server 2016で「管理者（Administrators）」が最もよく使う機能の1つです。管理者がサーバーにサインインすると、サーバーマネージャーが自動的に起動します。そして、さまざまな管理機能を提供します（詳しい使い方は184ページ参照）。

　サーバーマネージャーの起動時に自動的に開く「ダッシュボード」には、よく使用する機能がまとめられています。

　サーバーマネージャーで役割を追加（［役割と機能の追加］をクリックしてインストールしたい役割を選択）することで、ファイルサーバーやプリントサーバーなどのサーバー機能を選んでインストールすることができます。機能をインストールする方法はウィザード方式になっており、複雑な設定は最小限に抑えられています。

　サーバー機能を追加する、動作を確認するなど、サーバーの操作をしたいときには、サーバーマネージャーをチェックしてみましょう。本章でも、サーバーマネージャーを使っていろいろなサーバー機能を追加していきます。なお、サーバー機能を削除したいときは、右上の［管理］をクリックし、［役割と機能の削除］で削除したい機能を選択します。

　サーバーマネージャーと同様に、サーバーの各種設定ができるコンソール機能が**マイクロソフト管理コンソール**です。Windows Server 2016のスタートメニューから［Windows管理ツール］－［コンピューターの管理］をクリックするか、サーバーマネージャーの［ツール］－［コンピューターの管理］をクリックすると、機能別の管理コンソールを起動することができます。項目をクリックすると設定用の画面が開くので、必要な設定を行います。

サーバーマネージャーを使う

サーバーマネージャー

サーバーにサインインすると自動的に起動する

役割や機能の削除ができる

コンピュータの管理コンソールを呼び出せる

よく使う機能がまとめられている

サーバーに機能を追加したり、サーバーの動作を確認したいときはここで行う

マイクロソフト管理コンソール

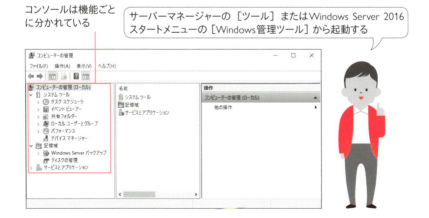

コンソールは機能ごとに分かれている

サーバーマネージャーの［ツール］またはWindows Server 2016スタートメニューの［Windows管理ツール］から起動する

Chapter 4

便利で簡単な情報管理システム

Active Directoryで
クライアントを管理する

すべての情報を一括管理できるから管理コストを抑えられる

　96ページで解説したとおり、**Active Directory**はWindows Server 2016のネットワークで使用する情報を一括管理するシステムです。

　ネットワークを設定するときには、1つのドメインに所属するコンピュータすべてに、同じドメイン名を入力する必要があります。もし、Active Directoryがなかったとしたら、すべてのコンピュータにドメイン名を設定し、ユーザーIDやパスワードを登録することになります。これはかなり面倒な作業です。

　Active Directoryを使えば、サーバーやクライアントのPC、プリンタなどのハードウェア、ユーザーのID、アクセス権限など、ネットワークを利用する際に必要となるさまざまな情報を、サーバーで一括管理できます。例えば、アカウント管理機能でユーザーのアカウントを登録すると、そのネットワーク内のすべてのコンピュータでそのアカウントを使用できるようになります。このように、ハードウェアやユーザーが多くても管理の手間を最小限に留めることができるのが、Active Directoryを使う大きなメリットの1つです。

　Active DirectoryはWindows Server 2016の「サーバーマネージャー」から設定します。設定の際は、Active Directoryをどういう環境で使用するか、どんなネットワーク構成にするかをきちんと決めておくことをおすすめします。なぜなら、ネットワークの構成を後から変更するのは面倒なだけでなく、トラブルの原因にもなるからです。ネットワークの構成が決まっていれば、サーバーマネージャーのウィザード機能を使って容易にActive Directoryを設定することができます。

　なお、ユーザーアカウントなど、ドメイン内のすべての情報を集中管理するサーバーを**ドメインコントローラ（DC）**と呼びます。1つのActive Directory上には1台以上のドメインコントローラが必要です。

Active Directoryの仕組み

Active Directoryでのサインイン手順

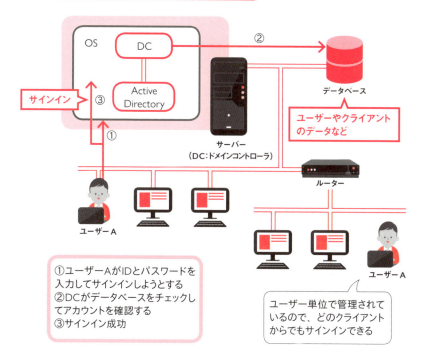

① ユーザーAがIDとパスワードを入力してサインインしようとする
② DCがデータベースをチェックしてアカウントを確認する
③ サインイン成功

ユーザー単位で管理されているので、どのクライアントからでもサインインできる

Active Directoryでの設定画面

Active Directoryはサーバーマネージャーのダッシュボードで［役割と機能の追加］をクリックし、「役割と機能の追加ウィザード」に従って設定する

Chapter 4

5

ユーザーとクライアントPCの登録

クライアントPCを
ネットワークに参加させる

ユーザーとクライアントPCをActive Directoryに登録する

　サーバーにActive Directoryを設定したら、ユーザーやクライアント
PCなどの情報を登録して、クライアントからサーバーを利用できるようにします。

　まず最初に、**ドメインにユーザーを登録**します。ユーザーの登録は、
Windows Server 2016のスタートメニューから［Windows管理ツール］
－「Active Directoryユーザーとコンピューター」を選択すると表示される
「Active Directoryユーザーとコンピューター」画面で**ドメイン名**の
［Users］を選び、［操作］－［新規作成］－［ユーザー］を選択して設
定します。あらかじめユーザー名やパスワードを決めておくと、スムーズに登録
できます。

　ドメインにユーザーを登録したら、続いてドメインにコンピュータを登録して、
ユーザーがどのコンピュータからドメインを使用するかを設定します。ユーザー
の登録と同じく、コンピュータも「Active Directoryユーザーとコンピュー
ター」画面から登録します。**ドメイン名**の［Users］を選び、［操作］－
［新規作成］－［コンピューター］を選択して設定します。

　最後に、クライアントPCの［システムのプロパティ］の［コンピューター
名］タブで［ネットワークID］を選択します。表示されるウィザードでドメイン
名を入力し、登録したコンピュータをドメインに参加させると、ユーザーがクラ
イアントPCを利用してネットワークにアクセスできるようになります。

　なお、コンピュータをドメインに登録したり、参加させたりできるのは、「ドメ
インの管理者」の権限を持つ管理者ユーザーだけです。誰でもドメインに参
加できるようにしてしまうと、管理者が知らないうちにクライアントPCが増えた
り、設定が変えられるなどして、ネットワークが正常に管理できなくなってしまう
ので注意しましょう。

登録の手順

ユーザーを登録する

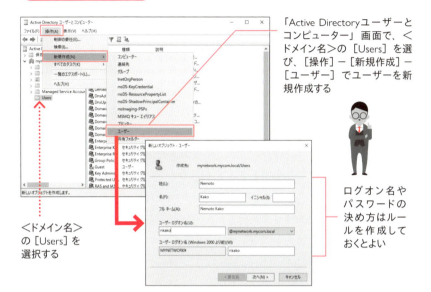

<ドメイン名>の[Users]を選択する

「Active Directoryユーザーとコンピューター」画面で、＜ドメイン名＞の[Users]を選び、[操作]－[新規作成]－[ユーザー]でユーザーを新規作成する

ログオン名やパスワードの決め方はルールを作成しておくとよい

クライアントPCを登録する

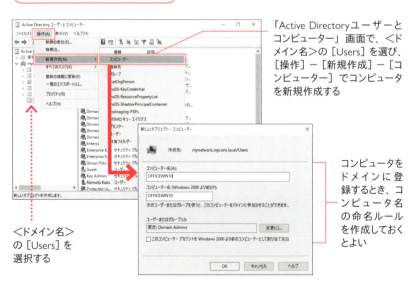

<ドメイン名>の[Users]を選択する

「Active Directoryユーザーとコンピューター」画面で、＜ドメイン名＞の[Users]を選び、[操作]－[新規作成]－[コンピューター]でコンピュータを新規作成する

コンピュータをドメインに登録するとき、コンピュータ名の命名ルールを作成しておくとよい

クライアントにIPアドレスを割り当てる

DNSサーバーとDHCPサーバーを稼働させる

Active Directoryの使用に必要なサーバーたち

　Active Directoryを使用するには、サーバーの設定を行う必要があります。1つは**DNSサーバー**です。Active Directoryでは、ドメインに所属するコンピュータのIPアドレスとホスト名がDNSに保管されます。Active DirectoryにおけるDNSの役割で、重要なものの1つがドメインコントローラ（100ページ参照）の検索です。DNSサーバーは、クライアントからの要求に従ってドメインコントローラのアドレスを教えます。クライアントは、教えられたアドレスをもとにドメインコントローラにアクセスし、ドメインに参加します。DNSサーバーをインストールするには、サーバーマネージャーの［ダッシュボード］で［役割と機能の追加］を選択し、表示される「役割と機能の追加ウィザード」で［DNSサーバー］を選択します。

　もう1つは**DHCP（動的ホスト構成プロトコル）サーバー**です。DHCPサーバーは、クライアントやプリンタなどの機器がネットワークに接続されたときに、ほかの機器に設定されているIPアドレスと重複しないように、自動的に機器にIPアドレスを割り当てる機能を持っています。DHCPサーバーがあれば、面倒なIPアドレスの管理をする必要がなくなるというわけです。DHCPサーバーは、サーバーマネージャーの「役割と機能の追加ウィザード」で簡単に設定することができます。

　なお、IPアドレスには、いつでも同じIPアドレスを割り当てる**静的IPアドレス**と、ネットワークに接続するたびにIPアドレスが変わる**動的IPアドレス**の2種類があります。一般に、常にネットワークに接続して稼働しているサーバーには静的IPアドレスを使用します。一方、クライアントPCなど、必要なときだけネットワークに接続する機器には動的IPアドレスを使用することが多いようです。DHCPサーバーが割り当てるのは動的IPアドレスですが、特定の機器に静的IPアドレスを割り当てることもできます。

DNSサーバーとDHCPサーバーの仕組み

クライアントにIPアドレスが割り当てられる手順

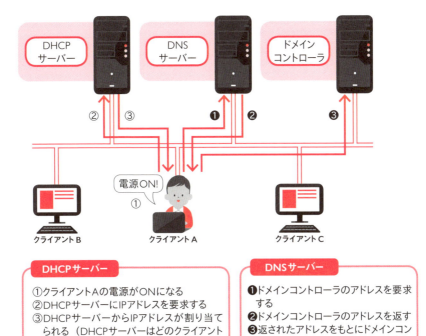

DHCPサーバー
①クライアントAの電源がONになる
②DHCPサーバーにIPアドレスを要求する
③DHCPサーバーからIPアドレスが割り当てられる（DHCPサーバーはどのクライアントがどのIPアドレスかを把握している）

DNSサーバー
❶ドメインコントローラのアドレスを要求する
❷ドメインコントローラのアドレスを返す
❸返されたアドレスをもとにドメインコントローラにアクセスし、ドメインに参加する

DHCPサーバーの設定

DHCPサーバーはサーバーマネージャーの［役割と機能の追加］を選択すると表示される「役割と機能の追加ウィザード」で設定する

Chapter 4 ▶ 6　DNSサーバーとDHCPサーバーを稼働させる　105

Chapter 4

7

ネットワークで効率よくファイルを利用する

ファイルサーバーを
設定してファイル共有する

権限や利用できるユーザーの設定が重要

社内ネットワーク構築の大きな目的の1つは、複数のユーザーで同じファイルやフォルダを共有し、ファイルのやり取りを簡単にできるようにするための**ファイルサーバー**を導入することではないでしょうか。

ファイルサーバーは、ネットワーク上のほかのコンピュータとストレージなどを共有して、ファイルのやり取りをスムーズに行うための機能です。ファイルをサーバーに集約することによって、データの管理がしやすくなるというメリットがあります。例えば、業務に必要なファイルがサーバー上にあれば、担当者が急に休んだときでもすぐに見つけることができ、業務上の重要な情報の共有にもつながります。

ファイルサーバーを構築するには、ファイルサーバー用のコンピュータを用意して、OSのファイル共有機能を利用する方法があります。もちろん、Windows Server 2016にもファイルサーバー機能があります。サーバーマネージャーの［ダッシュボード］で［役割と機能の追加］を選択し、「役割と機能の追加ウィザード」でファイルサーバーを設定できます。Windows Server 2016を使えば、Windows以外のOSを使ったクライアントも容易にファイルサーバー機能を利用できる環境を整えられます。

また、ファイルサーバーリソースマネージャーをインストールすると、フォルダごとにディスクの使用量を制限できる**フォルダクォーター**機能が使用できるようになります。例えば、グループのフォルダの容量は大きく設定し、個人のフォルダは小さくするなど、フォルダ容量の上限をコントロールできます。

なお、ファイルサーバーには大量のファイルを保存し、多くのユーザーから頻繁にアクセスされます。そのため、複数のディスクを用いた冗長化や拡張性を備える、RAIDなどのストレージを導入するとよいでしょう。

106

ファイルサーバーの設定

ファイル共有とは

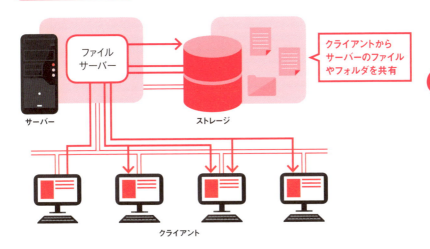

クライアントから
サーバーのファイル
やフォルダを共有

ファイルサーバーの追加手順

「役割と機能の追加ウィザード」で［ファイルサービスと記憶域サービス］を追加する

［ファイルサービスおよびiSCSIサービス］から［ファイルサーバー］と［ファイルサーバーリソースマネージャー］を追加する

Chapter 4 ▶ 7　ファイルサーバーを設定してファイル共有する

Chapter 4-8

ネットワークアダプター、ルーター、ファイアウォール

インターネット接続に必要なハードウェア

> ネットワークアダプターとセキュリティ対策のルーターは必須

　社内サーバーを社内のネットワークとインターネットの両方に接続する際は、社内ネットワーク用とインターネット用で別々の**ネットワークアダプター**を使用します。このため、2枚のネットワークアダプターが必要です。

　インターネット上には、悪意のあるユーザーが無数に存在しています。彼らはスキがあれば社内のネットワークに侵入して、重要な情報を盗み出したり、社内のコンピュータを不正行為の踏み台にしたり、サーバー上のデータの消去や改ざんなどの攻撃を仕掛けます。このため、社内サーバーをインターネットに接続する際は、外部からの攻撃を防ぐセキュリティ対策が必須になります。

　外部から社内ネットワークへの「許可のないアクセス」を防ぐには**ルーター**を用意します。もともとルーターは、ネットワーク上でやり取りされるデータの交通整理をして、データが正しい宛先に届くようにするための機器です。逆にいえば、ルーターには「許可されていない宛先へデータが届くことを拒絶する機能」があるのです。

　大規模な社内ネットワークでは、外部からの侵入を防ぐ**ファイアウォール**用のサーバーが必要かもしれません。ファイアウォールは社内から社外のネットワークへとデータを送ることはできても、社外から社内のネットワークへ許可なく接続しようとすると遮断します。つまり、ファイアウォールは「2つのネットワークを安全につなぐための仕組み」なのです。

　なお、ウェブサーバーやメールサーバーなどの機能は、Windows Server 2016をインストールした1台のサーバー上で運用することもできます。一見すると便利そうですが、障害が発生するとすべての機能が停止するリスクがあります。それぞれ別のサーバーを用意して運用すると、このようなリスクを回避できます。

インターネットに接続する仕組み

ネットワーク構成図

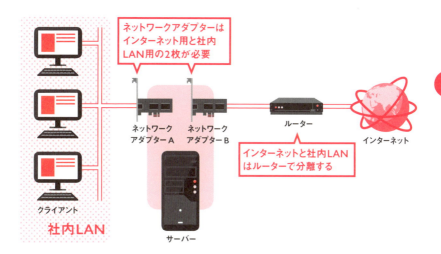

ファイアウォールの設置

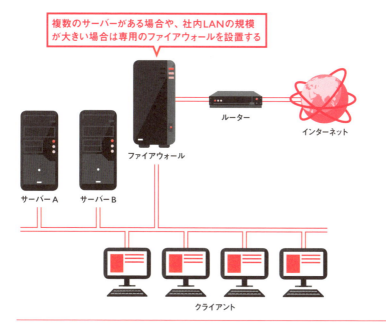

DNSを設定してインターネットへ接続する

インターネット用の DNSサーバーを構築する

サーバーとクライアントでDNSサーバーを追加する

　104ページで説明したように、社内サーバーではActive Directoryが使用する**DNSサーバー**を運用しています。

　インターネットを利用するときにも、社内用のDNSサーバとは別に、データの送り先のIPアドレスとサーバー名を調べるための「インターネット用のDNSサーバー」が必要です。インターネット用のDNSサーバーは、ドメイン名をIPアドレスに変換してデータの宛先を教えてくれます。2つのDNSサーバーは、カバーするドメインの範囲が異なります。このため、インターネットを利用するには、インターネット用のDNSサーバーが必要になるのです。

　インターネット用のDNSサーバーも、Windows Server 2016で設定することができます。サーバーマネージャーの［ダッシュボード］で［役割と機能の追加］を選択すると表示される「役割と機能の追加ウィザード」で［DNSサーバー］を選択し、ウィザードに従ってDNSサーバーをインストールします。インストール後、DNSサーバーが追加されているはずなので、サーバーマネージャーの［DNS］で確認しましょう。

　クライアントPCについては、DNSサーバーのIPアドレスをDHCPサーバーから自動的に取得できます。Windows 10の場合、スタートメニューの［Windowsシステムツール］－［コントロールパネル］でコントロールパネルを開き、［ネットワークと共有センター］を表示させます。［アクティブなネットワークの表示］の［イーサネット］をクリックし、［イーサネットの状態］の［プロパティ］をクリックします。［イーサネットのプロパティ］の［ネットワーク］タブで［インターネットプロトコルバージョン4（TCP/IPv4）］を選択して［プロパティ］をクリックし、プロパティ画面で［IPアドレスを自動的に取得する］と［DNSサーバーのアドレスを自動的に取得する］を選択します。

DNSサーバーとは

Active DirectoryとインターネットのDNSは同じ仕組み

Active Directory

①ユーザーAがファイルサーバーへの接続要求をDNSサーバーに出す
②DNSサーバーはユーザーAの情報をDNSでチェックする
③②で権限を確認できたらファイルサーバーに接続する

インターネット

①クライアント（ブラウザ）がURLを解析し、DNSサーバーへIPアドレスの解決を要求する
②DNSサーバーは、IPアドレスを解決する
③IPアドレスで接続する

DNSサーバーの設定

「役割と機能の追加ウィザード」で［DNSサーバー］を選択してインストールする

Chapter 4 ▶ 9　インターネット用のDNSサーバーを構築する　111

Chapter 4
10 ケーブルレスネットワークの構築

無線LANを導入する

ワイヤレスLANサービスの追加とセキュリティ対策

　最近では、ほとんどのノートパソコンに**無線LAN**機能が搭載されるようになりました。無線LANはケーブルを使用しないため移動が楽で、トラブルも少なく、クライアントPCのネットワーク接続に無線LANを使いたいというニーズは高いでしょう。

　Windows Server 2016でも、無線LANの利用をクライアントに許可できるようになっています。無線LANを使うには、サーバーマネージャーの［ダッシュボード］で［役割と機能の追加］を選択し、表示される「役割と機能の追加ウィザード」の［機能］で［ワイヤレスLANサービス］を選択してインストールします。これで、クライアントが無線LANを利用できるようになります。

　なお、デスクトップパソコンは無線LAN機能を搭載しないものがあります。その場合は市販の**無線LANアダプター**（最近はUSB接続のタイプが多い）を接続し、デバイスドライバーをインストールしておく必要があります。

　Windows Server 2016は最小限のデバイスドライバーしか搭載していません。サーバー用のコンピュータで無線LANを使用するには、使用する無線LANアダプターのWindows Server 2016用のドライバーをインストールする必要があります。

　無線LANを使用する際には、不正侵入や盗聴などへの対策が必須になります。まず、無線LANアクセスポイントの管理パスワードは忘れずに設定します。また、盗聴を防ぐためには暗号化の設定も必須です。無線LANの暗号化方式にはいくつかの種類がありますが、暗号強度の高い**WPA2**を使用します。また、アクセスポイントの接続認証には共有鍵を使う**WPA2-PSK**のほか、Active Directoryのユーザー情報と連携して利用できる**WPA2-Enterprise（PEAP）**があります。

無線LANを追加する

無線LANの構成

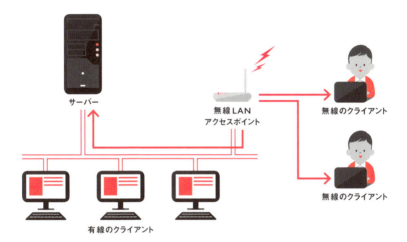

無線LANの設定

無線LANを利用するにはサーバーマネージャーの
「役割と機能の追加ウィザード」で［ワイヤレス
LANサービス］を追加する

Chapter 4

仮想専用線でLANとLANを結ぶ

VPNを導入する

サーバーとクライアントに共有のキーが必要

　外出先や自宅から社内サーバーを利用するなど、社外から社内のネットワークにアクセスしたいというニーズは高いものです。しかし、インターネット経由で社内ネットワークにアクセスできるようにすると、大切なデータを盗聴されたり、不正アクセスで改ざんされたりする危険性もあります。

　そこで、**VPN（Virtual Private Network）** と呼ばれる方法が普及してきました。VPNでは、データを**暗号化**したうえで**カプセル化**することで、データを安全にやり取りできるようにします。Windows Server 2016にもVPNの機能が搭載されており、**L2TP/IPsec**でクライアントと接続できます。L2TPはVPNのプロトコルの1つですが、暗号化機能を備えていません。そのため、暗号化強度の強いIPsecというプロトコルとセットで使用しています。

　VPNを設定するには、［役割と機能の追加ウィザード］の［サーバーの役割の選択］から［リモートアクセス］を選択し、［役割サービスの選択］で［DirectAccessおよびVPN（RAS）］を選択してインストールします。インストール後、リモートアクセスを構成します。ルーティングとリモートアクセスサーバーのセットアップウィザードが起動するので、指示どおりに設定してサービスを開始します。Windows管理ツールから「ルーティングとリモートアクセス」を開き、サーバーのプロパティを開き、［セキュリティ］タブの「共有キー」を設定します。この共有キーをクライアントPCにも設定します。

　なお、Enterprise版のWindows 8/8.1とWindows 10では、VPNと同様の安全性で、より簡単にインターネットから社内LANにアクセスできる「DirectAccess」という機能も利用できます。DirectAccessを利用するには、リモートアクセスの構成で「DirectAccessとVPNを両方展開します」を選択して設定を行います。

VPN

VPNとは

●インターネットを経由しても安全にデータをやり取りできるメリットがある

VPNの設定

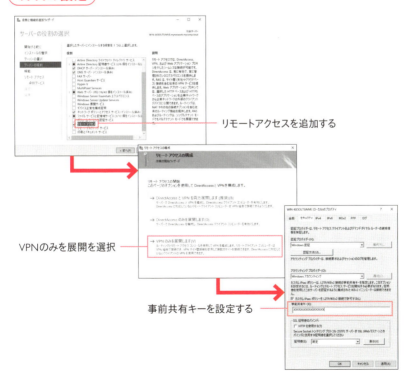

- リモートアクセスを追加する
- VPNのみを展開を選択
- 事前共有キーを設定する

Chapter 4 ▶ 11 VPNを導入する

Chapter 4 - 12 Windows Server 2016評価版を使ってみる

実験的にWindowsサーバーを構築する

Windows Server 2016評価版は最長180日間試せる

　社内サーバーを構築する前に、テスト的な環境を作ってサーバーの機能や性能を評価したいというニーズは高いものです。

　Windows Server 2016には**評価版**が用意されています。評価版はマイクロソフト社のウェブサイトから無料でダウンロードし、自宅や会社のPCにインストールして試用することができます。

　評価版のWindows Server 2016は、インストール後180日間試用することができます。ただし、電話などによるマイクロソフト社のサポートはないため、何かトラブルが発生したときは自力で解決する必要がありますが、さまざまな資料が用意されているので参考になります。

　評価版をインストールする前に、Windows Server 2016のシステム要件をチェックして、条件を満たすPCを用意しましょう。評価版の機能は、正式版とまったく同じです。正式版を購入してライセンスキーを入力すれば、評価版の環境をそのまま正式版として使うことも可能です。

　Windows Server 2016の評価版を使ううえで、一番のネックは「デバイスドライバーの有無」かもしれません。Windows Server 2016には主要な周辺機器のドライバーが内蔵されていますが、製品によってはシステムにドライバーが内蔵されていないだけでなく、Windows Server 2016に対応するドライバーがリリースされていないこともあります。その場合、Windows 10用のドライバーを利用できることもあるので、試してみる価値はあります。見方を変えると、社内システムで使いたいデバイスがWindows Server 2016で利用できるかを確認するには、評価版で試すのが確実だといえます。

評価版のWindows Server 2016を試用する

評価版でWindows Server 2016を試用する

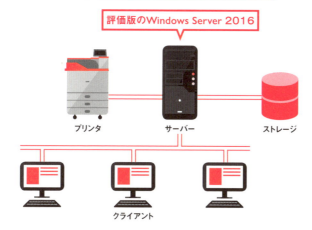

●正式に利用するまでの流れ

●Windows Server 2016評価版ソフトウェア
https://www.microsoft.com/ja-jp/evalcenter/evaluate-windows-server-2016

Column

Windows Server 以外の選択肢

　本章では社内サーバー用OSとして「Windows Server 2016」
を使用しました。Windows Server 2016には、大量のユー
ザーを管理しやすくする機能をはじめ、ファイルやプリンタ
などの共有機能、ウェブサーバーやFTPサーバーなどイン
ターネットサーバーとしての機能などが1つのソフトウェア
にまとまっていて、運用・管理のしやすいシステムです。し
かし、Windows以外にもサーバー用のOSはいくつもありま
す。代表的なのはUNIXです。UNIXはもともと複数のユー
ザーが同時に使用したり、複数のソフトウェアを動かすこと
を前提に作られていて、サーバーに適しているのです。
　UNIX系のOSはたくさんありますが、その中でも現在よ
く使われているのが「Linux」です。Linuxは決められたルー
ルを守れば、誰でも無料で利用したり、自由に再配布したり
できます。
　しかし、Linux単体では使いにくい部分もあります。そこ
で、簡単にインストールできるようにしたアプリケーション
などをLinuxとセットにした「ディストリビューション」が
多数存在します。代表的なディストリビューションには、
RedHat社が開発し大規模なシステムに使用される有料の
「Red Hat Enterprise Linux（RHEL）」のほか、ボランティア
によって開発が行われている無償の「Debian」、Debianを
ベースに開発された「Ubuntu」、RHELから商用部分を除い
た「CentOS」などが企業でも使用されています。Linuxは
無償で利用できるディストリビューションも多く、多数の
ユーザーがおり、公式サイトや書籍、ブログなどから情報を
入手することができるので、ベンダーからのサポートがなく
ても運用することが可能でしょう。社内のサーバー環境を試
験的に構築したり、少人数のユーザーで利用する環境では
Linuxの導入を検討する価値があります。

Chapter

5

インターネットに 公開するサーバーを 構築する

本章ではウェブサーバー、メール サーバー、DNSサーバーというイン ターネットに公開する3つの代表的 なサーバーを例にして、それらを構 築するために必要な環境などについ て解説します。

ウェブサイトを構築する（1）
ウェブサイトを公開する環境を整える

ウェブサーバーだけでなくDNSサーバーなどが必要

ウェブサイトを公開するには、ウェブサーバーの構築をはじめ、以下のような準備が必要です。

①ドメイン名の取得
JPRSなどが指定するレジストラ（登録事業者）やリセラー（再販事業者）に申請し、ドメイン名を取得します（64ページ参照）。

②回線設備とドメイン名に対応するグローバルIPを用意
回線業者と契約し、ウェブサーバーをインターネットに接続する回線設備を用意します。また、ドメイン名を取得した場合は、ドメイン名に対応するグローバルIPが必要となります。こちらはプロバイダと契約して割り当ててもらうのが一般的です。

③DNSサーバーの構築
外部のユーザーがインターネットを経由してウェブサイトにアクセスするために、取得したドメイン名に対応するIPアドレスを通知するDNSサーバーが必要となります。これは、ネットワーク内のユーザーが外部のウェブサイトにアクセスするためのDNSサーバー（フルサービスリゾルバ）とは別に用意します。

④ウェブサーバーの構築
ウェブサーバーとして使用するハードウェア、サーバー用OS、ウェブサーバーソフトを用意し、設定します。

⑤提供するウェブサービスに応じたサーバーなどを構築
提供するウェブサービスに応じて、ウェブアプリケーションを実現するために必要なフレームワークやデータベースサーバーなどを導入します。

ウェブサイトを公開するための準備

ウェブサイト公開に必要な準備

ウェブサイトを公開するにはさまざまな準備が必要

①ドメイン名の取得

②回線設備とグローバルIPを用意

● サーバーの構築

Chapter 5 ▶ 1 ウェブサイトを公開する環境を整える | 121

Chapter 5

2

ウェブサイトを構築する（2）

ウェブサーバー用の OSを選ぶ

広く使われているUNIX系OSか、管理・運用が楽なWindows Serverか

　ウェブサーバーを構築する際にまず考えなければならないのが、採用するサーバー用OSの種類です。ウェブサーバー用のOSとして広く使われているのが**UNIX系OS**です。また、Windows Server 2016などの**Windows OS**も多く採用されています。

　UNIX系OSは無償で配布されているものもあり、**初期費用が抑えられる**という利点があります。無償のソフトウェアも豊富に揃っています。インターネットサーバー用OSとして長い歴史を持っており、「ウェブサーバーならUNIX系OS」という意見も根強くあります。ただし、管理・運用に携わるにはUNIX系OSを扱えるスキルが必要となります。グラフィックを使用した操作画面（GUI）を使うこともできますが、基本的に文字だけの操作画面（CUI）ですので、難しい、敷居が高いというイメージを持つ人も少なくありません。また、無償のOSやソフトウェアを使用した場合、手厚いユーザーサポートを受けられるわけではないので、わからないことがあったら管理者が自分で調べて解決するのが基本です。

　Windowsのサーバー用OSは有償なので、初期費用がかかるという点がデメリットです。しかし、Windows OSに慣れている人にとっては、やはり**GUIは扱いやすく管理・運用が楽**というメリットがあります。開発元であるマイクロソフト社のウェブサイトを見れば技術情報が入手でき、有償・無償のサポートも受けられ、使いこなすための参考書や技術書も多く出回っています。また、Windowsのクライアントの管理も容易です。

　UNIX系OSとWindows OS、ウェブサーバー用のOSとしてはどちらも一長一短があります。提供したいウェブサービスの内容やコスト、管理者のスキルなどを考えて選択しましょう。

122

ウェブサーバー用のOSは主に2系統ある

サーバー用OSを選択

- UNIX系OS
- Windows Server
- どっちがいいかなぁ・・・

コストや提供したいサービス、管理者のスキルを考えて選ぶ

UNIX系OSの特徴

CUI

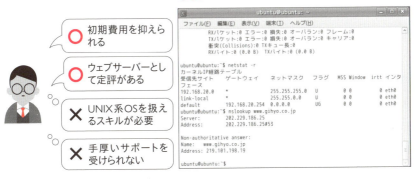

- ○ 初期費用を抑えられる
- ○ ウェブサーバーとして定評がある
- × UNIX系OSを扱えるスキルが必要
- × 手厚いサポートを受けられない

Windows Serverの特徴

GUI

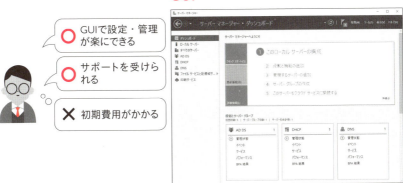

- ○ GUIで設定・管理が楽にできる
- ○ サポートを受けられる
- × 初期費用がかかる

ウェブサイトを構築する（3）

ウェブサーバーソフトを選ぶ

シェアトップはApache、追随するIIS、Nginx

　サーバー用OSが決まったら、次は導入するウェブサーバーソフトを決めましょう。サーバー用OSにUNIX系OSを採用するのであれば**Apache（アパッチ）**、Windows OSを採用するなら**IIS（アイアイエス）**またはApacheがよく使われています。また、最近はどちらのOSでも利用できる**Nginx（エンジンエックス）**もよく使われています。

　Apacheは現在、最も多く使われているウェブサーバーソフトです。UNIX系OSとApacheの組み合わせは、ウェブサーバーとして最もポピュラーといえるでしょう。Apacheの利点は、ウェブサーバーソフトとして歴史が長く、また広く使われているため、設定などの情報が入手しやすい点です。しかし、同時に大量のアクセスがあるときに処理しきれず、処理速度が低下する欠点があります。

　そこで、その欠点を補うためにNginxが開発されました。Apacheと比べてNginxの機能は限定されているため、少ないメモリーでも動かすことができます。ただし、動的ページの配信など複雑な処理では速度が低下することがあります。

　IISはマイクロソフト社が開発・提供しているWindows OS用のウェブサーバーソフトです。Windows OSにはIISが標準装備されています。IISの利点は、GUIで設定しやすいことです。また、マイクロソフト社が開発したほかの製品や技術とスムーズに連携できます。中でもマイクロソフト社のウェブアプリケーション用のフレームワークであるASP.NETを使えば、かんたんに動的ページを作成することができます。ユーザーサポートが受けられるので安心という点も大きいでしょう。一方で、他社製のフレームワークと連携しにくいという欠点があります。

3大ウェブサーバーソフト

ウェブサーバーソフトを選択

ウェブサーバー

UNIX系OS Apache、Nginxなど

Windows Server IIS、Apache、Nginxなど

Apache（アパッチ）の特徴

- ○ ウェブサーバーソフトの定番
- ○ モジュールを追加して機能を拡張できる
- ✗ 大量の同時アクセスがあると処理速度が低下する

Nginxの特徴

- ○ 大量の同時アクセスがあっても処理が速い
- ○ 少ないメモリーで動かせる
- ✗ 動的ページに向いていない

IISの特徴

- ○ Windows Serverに標準装備
- ○ マイクロソフト社の製品、技術との連携がスムーズ
- ✗ 他社製のフレームワークと連携しにくい

Chapter 5
▼
4

動くウェブサイトにする

ほかのプログラムや
サーバーと連携させる

動的ページを生成するウェブサービスを提供することが可能に

ウェブサーバーとウェブアプリケーションやデータベースサーバーなどを連携させることで、動的にページを生成するウェブサービスを提供することができます。ウェブサーバーはクライアントから受け取ったデータをウェブアプリケーションに渡し、その処理の結果をクライアントに送り返すことで、動的ページを実現します。

ウェブアプリケーションを開発するには、**ウェブアプリケーションフレームワーク**を利用するのが一般的です。ウェブアプリケーションフレームワークは、ウェブアプリケーションの基本的な機能や、よく利用される機能を部品として提供します。開発者は必要な部品を組み合わせてカスタマイズすれば、動的ページを生成するアプリケーションを作成することができます。

使用するプログラム言語によって、さまざまなウェブアプリケーションフレームワークがあります。例えば、動的ページを生成することを目的に開発されたプログラム言語PHPには**Laravel**や**Symfony**などがあります。Rubyでは**Ruby on Rails**、JavaScriptでは**AngularJS**などのウェブアプリケーションフレームワークが利用されています。また、マイクロソフト社の**ASP.NET**は、IISで利用できるウェブアプリケーションフレームワークで、マイクロソフト社が提供するプログラミング環境でウェブアプリケーションを開発することができます。

データベースサーバーは、データの集合であるデータベースと、データベースを管理する**DBMS（Database Management System）**によって構成されています。DBMSにはマイクロソフト社の**Microsoft SQL Server**や無償の**MariaDB**などがあります。ウェブサーバーとDBMSを連携させるときも、ウェブアプリケーションを利用します。

サーバーとウェブアプリケーションの連携

動的ページの実現

●ウェブサーバーと連携するプログラムやソフトウェア

●動的にページを生成するウェブサービス
（ウェブアプリケーションサービス）

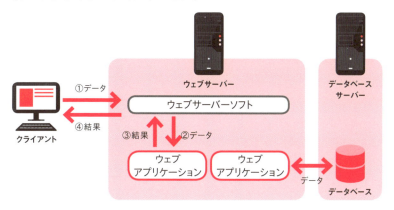

ウェブアプリケーションフレームワーク

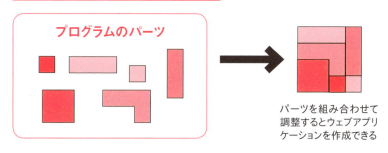

パーツを組み合わせて調整するとウェブアプリケーションを作成できる

Chapter 5

5

メールサーバーを構築する

メールサービスを
提供できるようにする

SMTPサービスとPOP3・IMAPサービスの両方の機能が必要

　メールサーバーを構築するには、サーバー用のハードウェアとOS、そして**SMTPサーバーソフト**と**POP3・IMAPサーバーソフト**が必要です（84〜89ページ参照）。

　UNIX系OSを採用したサーバーでは、SMTPサーバーソフトは**Postfix（ポストフィックス）**など、POP3・IMAPサーバーソフトは**Dovecot（ダブコット）**がよく使われています。また、メールサーバーに必要な環境を統合した**Courier Mail Server（クーリエメールサーバー）**もあります。

　サーバー用のWindows OSでは、マイクロソフト社が提供する**Microsoft Exchange Server**や、ほかのメーカーが販売するメールサーバーソフトを購入して導入するのが一般的です。Microsoft Exchange ServerにはSMTP、POP3、IMAPのサービスを提供する機能が備わっています。

　UNIX系OSに対応したSMTPサーバーソフト、POP3・IMAPサーバーソフトはCUIで設定をする必要があります。ただし、それぞれSMTP、POP3・IMAPサービスに特化しているため、設定はシンプルです。

　Microsoft Exchange Server 2016はメールサービスだけでなくスケジュール、ToDo機能、ドキュメントとの連携機能などを備えており、パソコンだけでなくスマートフォンやタブレットからも利用しやすくなりました。便利ですが、設定は複雑です。クライアントとのデータのやり取りを担当する「クライアント アクセス サーバー」、メールボックスを管理する「メールボックス サーバー」、インターネットなど外部のネットワークとのデータのやり取りを担当する「エッジ トランスポート サーバー」、電話やFAXと連携するための「ユニファイド メッセージング サーバー」が役割分担して機能します。管理者として使いこなすには相応のスキルが必要であるため、シンプルなサードパーティ製のメールサーバーソフトを選択するのも1つの方法です。

128

メール送受信の仕組み

メールサーバーソフト

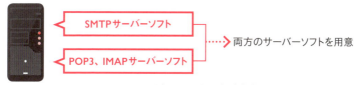

※すべてのサービスを提供するソフトウェアもある

UNIX系OS

設定はCUIだが設定内容はシンプル。

- SMTPサーバーソフト　→　Postfixなど
- POP3、IMAPサーバーソフト　→　Dovecotなど

Windows OS

- Microsoft Exchange Server（マイクロソフトエクスチェンジサーバー）
メール（SMTP、POP3、IMAP）、スケジュール、ToDoなど多彩な機能を備える。その分、設定は複雑になる。

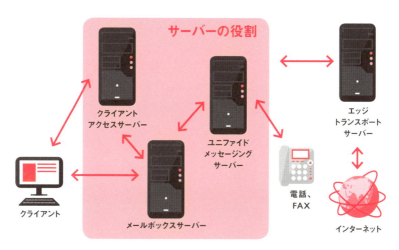

- サードパーティ製のメールソフト

Chapter 5 ▶ 5　メールサービスを提供できるようにする　129

Chapter 5

DNSサーバーを構築する

取得したドメイン名を DNSサーバーに登録する

DNSサーバーの設定で登場する用語を覚えておこう

　取得したドメイン名を使用したウェブサイトを公開する場合や、取得したドメイン名を使ったメールアドレスでメールをやり取りする場合は、ドメイン名とグローバルIPを対応させるDNSサーバーを構築します。ここでのDNSサーバーの役割は、**フルサービスリゾルバ**（74ページ参照）の問い合わせに応じて情報を提供することです。このような役割を持つDNSサーバーを、フルサービスリゾルバと区別して**コンテンツサーバー**と呼びます。UNIX系OSを採用したサーバーでは、**BIND**というDNSサーバーソフトがよく利用されています。サーバー用のWindows OSには、DNSサーバーとしての機能が標準装備されています。

　DNSサーバーを構築する際の設定はソフトウェアによって異なりますが、設定する内容は基本的に同じです。以下に設定項目や用語をまとめます。

● **正引き、逆引き**
　ドメイン名から対応するIPアドレスを取得することを**正引き**、その逆にIPアドレスから対応するドメイン名を取得することを**逆引き**と呼びます。

● **ゾーン**
　コンテンツサーバーは**ルートサーバー**を頂点とした階層構造を分担して、情報を管理しています。このとき、1つのコンテンツサーバーが管理している情報の範囲を**ゾーン**と呼びます。

● **レコード**
　コンテンツサーバーが持っている情報を**レコード**と呼びます。コンテンツサーバーを設定する際に、レコードを登録します。**A**（ホスト名に対応するIPアドレス）、**NS**（DNSサーバー名）、**MX**（メールサーバー名）、**SOA**（最初に記述する基本情報）などがあります。

130

DNSサーバーの役割と主なDNSレコード

DNSサーバーの働き

代表的なDNSサーバーソフト

- UNIX系OS　→　BINDなど
- Windows OS　→　OSに標準装備

DNSサーバーでのドメイン名とIPアドレスの変換

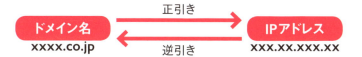

コンテンツサーバーが持っている情報

主なDNSレコード

A	ドメイン名（ホスト名）に対応するIPアドレス
NS	DNSサーバー名
MX	メールサーバー名
SOA	基本情報。DNSサーバー名、管理者メールアドレスなど

Chapter 5

7

もっと便利にサーバーを立ち上げる

インターネットサーバーを
アウトソーシングする

安全で安定した運用を考えるとオンプレミスは負担が大きい

　インターネット関連のサーバーを自社内に構築して管理するには、安定したサービスを提供できる能力を持ったサーバーと、回線設備を用意する必要があります。インターネット経由での攻撃やウイルスに対処するためのセキュリティ対策も必須です。このため、多大なコストがかかります。

　このようなコスト面、人材面での負担を軽減するため、インターネット関連サーバーの構築と管理は専門の業者に委託する企業が増えています。委託する方法としては、**VPS（Virtual Private Server）**やクラウドコンピューティングがあります。

　VPSは仮想専用サーバーとも呼ばれ、1台のサーバー用ハードウェアのCPUやメモリ、ストレージなどを複数のサーバー用OSに割り当てて、同時に動作させる**仮想化**の技術を活用しています。利用者それぞれに仮想化されたサーバー（仮想サーバー）が割り当てられ、自由にアプリケーションなどをインストールできます。仮想サーバー同士は独立して動作するため、同じハードウェア上のほかの仮想サーバーからの影響を受けにくくなっています。VPSでは契約内容に応じて、毎月一定の料金を支払う定額制が一般的です。

　クラウドコンピューティングのIaaSは、VPSと同じく仮想サーバーですが、より自由度が高くなります。例えば、当初の計画より利用者が増えた、大きなデータを扱いたい、機能を追加したいといった場合に、必要に応じて使用するCPUやメモリなどのリソースをすぐに増減することができます。IaaSの料金は、使った分だけ支払う従量課金制となります。このため、リソースを拡張した月の料金は予算をオーバーする可能性があるので注意が必要です。

　どのようなウェブサービスを提供したいか、人材は確保できるのかといった人材面での問題、コストなどを考えて、最適なサービスを選択しましょう。

132

VPSとクラウドコンピューティング

サーバーの構築・運用にはコストがかかる

VPS

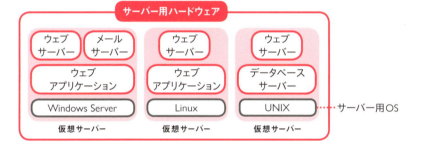

クラウドコンピューティング（IaaS）

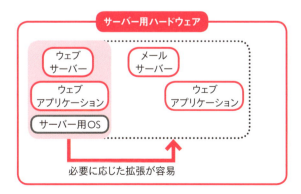

Column

多くの企業に利用される
AWSとは

　クラウドコンピューティングの中でも、サーバーのハードウェアやネットワーク環境などのインフラを使用してシステムを構築できるIaaS（Infrastructure as a Service）は多くの企業に利用されています。代表的なのが、ショッピングサイトで有名なアマゾンが提供している「AWS」（アマゾン　ウェブ　サービス）で、2006年にサービスを開始しました。

　AWSには100以上のサービスがあり、必要なものを組み合わせることで、独自のシステムを作ることができます。代表的なサービスのうち、仮想サーバーのAmazon Elastic Compute Cloud（Amazon EC2）では、LinuxやWindowsServerなどを動かすことができます。データの保存にはAmazon Simple Storage Service（Amazon S3）があり、可用性と耐久性が高いのが特徴です。データベースサーバーのAmazon Relational Database Service（Amazon RDS）はさまざまなデータベースに対応し、ストレージのサイズも簡単に変更できます。このほか、アプリケーションの開発環境なども揃い、統合的なクラウドコンピューティングとなっています。

　数多くのクラウドコンピューティングがある中で、AWSを選択するメリットの1つは「機能の豊富さ」でしょう。ユーザーの声に応えて、AWSには毎年数百以上のサービスや機能が追加・改善されています。最新の機能や技術を手軽に使えるため、変化の速いインターネットで最新の技術を使ったウェブサービスを構築できます。もう1つのメリットは「セキュリティ対策」です。激しくなる一方のサイバー攻撃への対策にも対応するなど、自社でサーバーを管理するより安心できると評価が高まっているのです。AWSには無料の試用期間があり、使い勝手や機能を十分試すことができます。

Chapter

6

サーバーの
管理と運用

サーバーにトラブルが発生すると、
ネットワークのユーザー全員に影響
が及んでしまいます。そこで大切な
のが、サーバーを正しく管理して、
トラブルなく運用すること。ここで
はトラブルを未然に防ぐための管理
方法を解説します。

Chapter 6

1

サーバーのトラブルの予防と対処

サーバーを円滑に
稼働させる

サーバーが安定して動くハードとネットワーク環境を整えることが大切

サーバー用コンピュータはクライアント／サーバー環境の中心です。サーバーにトラブルが発生して動作しなくなれば、ネットワークに接続されているクライアントPCにも影響があります。このため、サーバー用コンピュータの動作環境には十分な注意を払うべきです。例えば、サーバーがある部屋の空調は温度を低めに設定します。可能であれば、管理者以外の人がサーバー用コンピュータに触れないように、サーバー専用の部屋やエリアを設置して、ドアに鍵を付けると効果的です。

ネットワークは社内のコンピュータを生かす"ライフライン"です。ネットワークでトラブルが発生すると、サーバーやクライアントが孤立して業務システムが停止します。このため、ネットワークの状況は常に監視して、トラブルが発生しないよう厳重に管理する必要があります。

そうはいっても、「クライアントからサーバーにつながらない」という類いのトラブルはいつ発生するかわからないものです。また、ネットワークにはさまざまなハードウェアがつながっているため、いざトラブルが発生すると、原因を突き止めるのは簡単ではありません。

そこでおすすめしたいのが、サーバー、ハブ、ルーターなどの配置をまとめた**ネットワーク構成図**をあらかじめ作成しておくことです。この構成図を見ながら作業すれば、トラブルの原因を効率よく探して対処できます。

さらに、サーバー用コンピュータやネットワーク機器が物理的に壊れたときの対策として、故障しては困る部品の予備を用意して、すぐに交換できるようにしておきます。例えば、サーバーのハードディスクやネットワークアダプター、ネットワークケーブル、ハブなどの予備があれば、壊れたときに交換するだけでなく、一時的に交換して動作するか確認することで、トラブルの原因を探す際にも役立ちます。

136

サーバー環境とネットワーク構成図

サーバーが安定して稼働する環境を整える

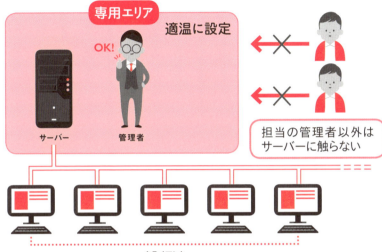

トラブルに備える＝ネットワーク構成図を作成しておく

●上手な作り方
- どこに何があるかを明確にする
- 各機器のIPアドレスを記入する
- 記号などの書き方を統一する
- 複雑になるときは複数枚に分ける

Chapter 6

▼

2

サーバーはどこからでも管理できる

サーバーをリモートで
管理する

離れた場所からサーバーを管理できるツールを活用する

　サーバーを管理するというと、直接サーバー用コンピュータのある部屋に行って操作するようなイメージを持っているかもしれません。しかし、実際にはサーバーはネットワークに接続されていて、クライアントPCやほかのサーバーともつながっています。つまり、クライアントPCや別の場所にあるサーバーから、サーバーをコントロールできるのです。機器によっては、IPMI、iLO、iDRAC、HMCのように、OSレベルではなくハードウェアレベルでのリモート管理機能（電源操作やデバイス監視など）を備えたものもあります。

　例えば、Windows Server 2016には、そのためのさまざまなツールが用意されています。**リモートデスクトップ**は、ネットワーク経由でほかのPCを遠隔操作できるツールです。リモートデスクトップ接続でクライアントからサーバーに接続すると、サーバーの画面がそのままクライアントの画面に表示されて、クライアントPCがまるでサーバーになったかのような感覚で操作できます。リモートデスクトップはWindowsクライアントだけでなく、macOSなど、ほかのクライアントOSでも使うことができます。また、社内からのみでなく、「休日にサーバーが正常に動いているかを自宅から確認する」といった用途にも使えます。

　Windows Server 2016のサーバーマネージャーでは、サーバーマネージャーが動いているローカルサーバーと同じように、ネットワークにつながっているほかのサーバーを管理することができます。つまり、ローカルサーバーでもリモートにつながっているサーバーでも、まったく同じサーバー管理機能を使用できるのです。

　このほか、Windows 10やWindows 8.1などクライアントのPCからWindows Server 2016を管理できる**リモートサーバー管理ツール**という機能もあります。必要に応じて、最適なサーバー管理ツールを活用しましょう。

離れた場所からサーバーを管理

リモートデスクトップとは

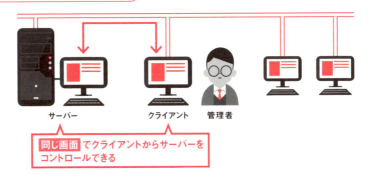

サーバーマネージャー（Windows Server 2016）

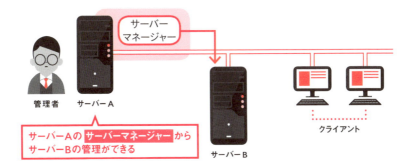

リモートサーバー管理ツール（Windows Server 2016）

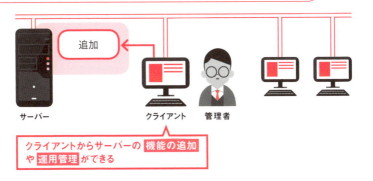

Chapter 6

3

ニーズに応じてクライアントのOSを選ぶ

クライアントOSが
混在するネットワーク

設定や管理の手間はかかるが、サーバー活用には問題なし

　クライアントPCのOSは、最も多く使われているWindowsのほかに、macOSやLinuxなどがあります。クライアントのOSを1種類に統一すれば、OSのアップデートのほか、機能の追加や設定などのメンテナンス作業をサーバー上からまとめて実行できます。これによってクライアントPCのメンテナンス作業が効率化し、管理コストの削減も期待できるでしょう。

　しかし、現在のサーバー／クライアント環境は**複数のクライアントOSが混在しているのが普通**です。クライアントPCで行う作業によっては、あるOSより別のOSの方が操作しやすかったり、作業性がよくなったりする場合があります。特定のOSでしか動かないアプリケーションを使いたい、というニーズもあるでしょう。わざわざ導入コストと手間をかけてクライアントOSを統一するより、複数種のクライアントOSが混在する環境で運用するほうがメリットは大きいのです。

　現在利用されているクライアントOSは、ネットワークに接続して使用することを前提に作られています。このため、ネットワーク上にクライアントOSが混在しているからといって、特別に管理が難しくなることはありません。例えば、Windowsサーバー環境でmacOSクライアントを利用する際は、macOS側で簡単な設定をすれば、Windowsサーバーの「Active Directory」にアクセスできます。もちろん、プリントサーバーやファイルサーバーにも簡単に接続できます。正しく設定しておけば、クライアントOSの種類を意識せずにサーバー環境を活用できるのです。

　なお、ネットワーク上にmacOSのクライアントが中心で、Windowsのクライアントが少ない場合には、サーバーOSとして「macOS Server」を採用する方法もあります。環境に最適なシステムを選ぶことで、ネットワークやサーバーのメンテナンスコストや管理の手間を省けます。

140

クライアントOSが混在する場合の運用・管理

OSが単一の場合と複数の場合の比較

● OSが単一

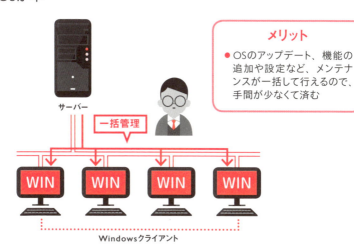

● OSが混在

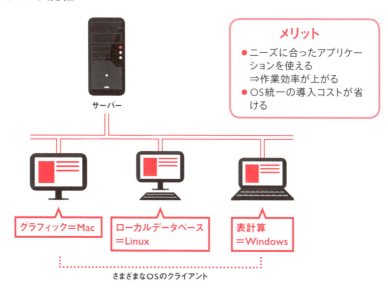

グループでの管理が基本

ユーザーの管理

ユーザーをグループに分けて管理の効率をアップさせる

　サーバーを利用する際、すべてのファイルにアクセスできるのは管理者のみにして、ユーザーはアクセスできるフォルダやファイルを制限したり、使用できるストレージの容量を指定するのが一般的です。ユーザーが少ないうちは、個別にこのような設定をしていても、たいした手間はかかりません。しかし、ユーザーが増えてくると管理に大変な時間を取られるようになっていきます。

　そこで、効率的にユーザーやクライアントを管理する必要性が生じます。そのために**グループ**を活用しましょう。

　サーバーでは、複数のユーザーを1つのグループにまとめることができます。例えば、営業部のグループと総務部のグループというように、所属部署によってユーザーをグループにまとめます。すると、営業部の人だけがアクセス可能なフォルダ、総務部の人だけがアクセス可能なフォルダといったように、グループ単位でアクセス権限を設定することができます。

　そして、グループに設定した権限は、自動的にそのグループに所属するユーザーの権限として設定されます。例えば、Aさんを営業部のグループに指定すると、Aさんは自動的に、営業部のグループで利用できるフォルダやファイルにアクセスできるようになる、というわけです。

　さらに、1人のユーザーを複数のグループに所属させることもできます。例えば、営業部員で新製品開発プロジェクトのメンバーになっているBさんに対して、営業部とプロジェクトの両方のグループに設定します。すると、Bさんは両方のグループに与えられた権限でサーバーを使用できます。

　また、グループを正しく設定していれば、ユーザーが人事異動した際は所属するグループを変更するだけで済むため、管理の手間も最小限になります。

ユーザーはグループに分けて管理する

ユーザーが少ない場合の管理

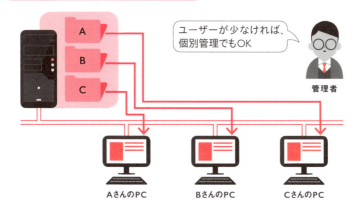

ユーザーが多い場合の管理

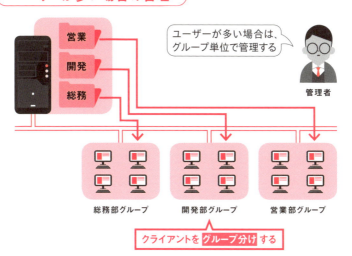

Chapter 6

5

不正アクセスからデータを守る

パスワードと
アクセス権の管理

グループごとに適切なアクセス権を設定し、ログを取る

サーバーを利用するには、ユーザーごとに**IDとパスワードの登録**が必須です。サーバーにログオンするには、IDとパスワードを入力します。もしパスワードがユーザー以外の人に漏れてしまうと、データを盗まれたり改ざんされたりする可能性があるので、サーバーを守るためにもユーザーのパスワードの管理は大切な作業です。

パスワードはサーバーにログオンしたユーザーが自分で変更するほか、管理者が変更することも可能です。パスワードは十分な長さがあり、他人に類推されにくい複雑なものにするべきです。また、パスワードを紛失して（忘れて）しまったユーザーに一時的なパスワードを渡し、次にログオンする際に新しいパスワードに変更するよう強制することもできます。

ファイルやフォルダを読んだり、書き込みをするための権限のことを**アクセス権**といいます。アクセス権は、ユーザーやグループごとに設定できます。限られたユーザーやグループのメンバーだけがアクセスできる共有フォルダにも、アクセス権を設定します。

アクセス権には「読み取り」「書き込み」「変更」「読み取りと実行」などの種類があり、ユーザーやグループごとに設定します。例えば、グループAとグループBの共有フォルダがあった場合、グループAには読み取りと実行のみのアクセス権を与え、グループBにはすべてのアクセス権を与える、といった設定も可能です。

アクセス権を設定すると同時に、誰が、いつ、どのファイルにアクセスしたかを**ログ**（履歴）に保存しておくことも必要です。サーバーが不正に利用されたり、問題が発生したときの原因を追及する際に、ログは有効な情報になります。また、ログを取っていることを周知すれば、ユーザーの不正を抑止する効果も期待できます。

144

パスワードとアクセス権の管理方法

ユーザーはグループに分けて管理する

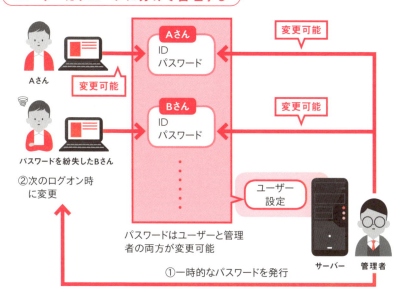

アクセス権の管理

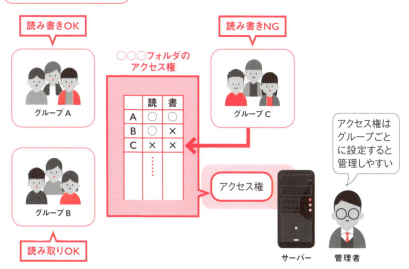

Chapter 6 ▶ 5 パスワードとアクセス権の管理

Chapter 6
ネットワークコマンドの使い方

ネットワークの監視

ネットワークの状態は、ネットワークコマンドで確認する

　サーバー管理者にとって、ネットワークが正常に動いているかを確認することは、システムを安定的に運用するために必須の作業です。**ネットワークコマンド**を使って、ネットワークにトラブルが発生していないかをチェックしましょう。

　よく使われるネットワークコマンドには、以下のものがあります。

● **ping**
　特定のネットワーク機器に信号を送って、接続が正常かどうかを確認する。

● **traceroute（tracert）**
　指定したホストまでのネットワークの経路をリストで表示する。

● **ipconfig**
　ネットワークの設定情報を調べる。IPアドレスの確認やリリースができる。

● **nslookup**
　DNSサーバーの状態を調べて、正常に動いているかを確認する。特定のWebサイトに接続されにくいときにも使う。

● **netstat**
　ネットワークの統計情報や状態を確認する。接続先のホスト名を調べたり、エラーパケットが発生していないかもチェックできる。

　例えば、ネットワークに新しいクライアントを接続したときには、pingコマンドを使ってそのクライアントに信号を送ります。すぐに返事が戻ってくれば、クライアントは物理的に正常に接続されたことがわかります。なお、セキュリティソフトやファイアウォールの設定によっては、LAN内であってもpingやtracerouteなどのコマンドがうまく動かないケースがあります。返事が戻ってこないときは、これらの設定も確認してみましょう。

ネットワークコマンドの使い方

特定の機器までの接続状況を確認する

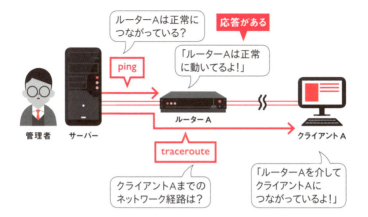

サーバーに接続されているネットワーク状態をチェックする

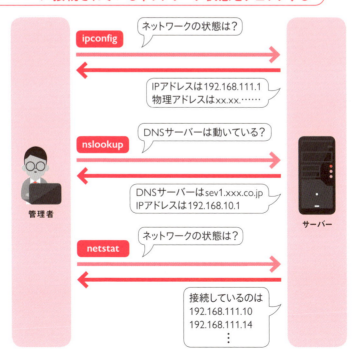

Chapter 6

ネットワークコマンドでトラブルの発生箇所を探る

ネットワークに発生する障害

ネットワークコマンドで障害を切り分けるのが第一歩

　ネットワークには、クライアントなどが接続されている**ハブ**、機器同士をつなぐ**ケーブル**、ネットワークに接続するための**ネットワークアダプター**など、さまざまな機器がつながっています。

　ネットワークで発生するトラブルは、これらのハードウェアの故障や破損のほかに、ネットワークに接続されている機器の設定ミスなども考えられます。例えば「あるクライアントからサーバーに接続できなくなった」というトラブルでは、クライアントのネットワークアダプターが壊れているのか、ケーブルが断線してしまったのか、ハブが接触不良なのか、クライアントのネットワークの設定が誰かに変更されてしまったのかなど、さまざまな原因が考えられるでしょう。

　そこで、ネットワークにトラブルが発生したときには、まず、**どこでトラブルが発生しているかを突き止める**ことが必要です。トラブルが発生している個所を探すには、前ページで紹介したネットワークコマンドをコマンドプロンプトから入力して調べます。

　あるクライアントからの反応がとても遅いときには、pingでそのクライアントからの反応をチェックします。もし、pingの返事がなければ、サーバーとそのクライアントとの間のどこかにトラブルの原因があります。次に、tracerouteでそのクライアントとの間にあるルーターの反応時間をチェックすると、どこで遅延が発生しているかが数値でわかります。そこで、遅延が発生しているルーターを修理したり交換したりすれば、遅延を解消できるというわけです。

　ipconfigを使うと、そのクライアントのネットワーク設定が確認できます。初歩的な設定ミスでクライアントがネットワークに接続できない事例は意外と多いものですが、このコマンドでネットワーク設定をチェックすれば、設定ミスかどうかがすぐにわかります。

どこで障害が発生しているか?

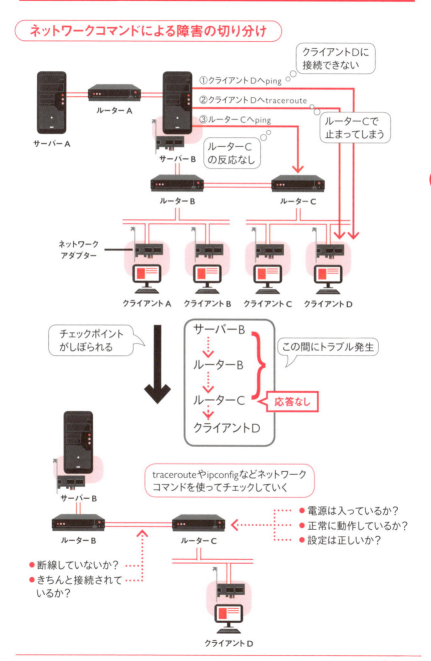

Chapter 6 ▶ 7　ネットワークに発生する障害

Chapter 6
▼
8

障害の原因を探るためにツールを駆使する

障害の原因を突き止める

原因に合った対策を見つけ、すばやく対応する

　サーバーのトラブルを解決するための第一歩は、**「何が原因なのか」を突き止めること**です。原因としては前述のネットワークトラブルのほかに、ハードウェアやソフトウェアの障害が考えられます。

　サーバーでは多数のプログラムが稼働しているため、ソフトウェアのトラブルでシステムが不安定になると、どれが原因かわかりにくいこともあります。そのような場合には、Windows Server 2016では「システム構成ユーティリティ」を使います。最低限のデバイスとサービスだけで起動したり、読み込むソフトウェアを限定するなどして、原因を突き止めましょう。

　システムの反応が遅いときには、CPUやメモリー、ハードディスク、ネットワークなどのパフォーマンスを監視します。Windows Server 2016ならWindows管理ツールにある「パフォーマンスモニター」を使うことで、稼働状況のレポートを手軽に調べられるほか、パフォーマンスを改善したいときには詳細なデータを収集して分析することもできます。システムの稼働状況を記録したログも、原因究明に役立つ大切なデータです。

　これらのツールで原因を見つけて、問題のある部品を交換したり、不要なサービスを止めるなどして障害を取り除きます。速度を改善したい場合は、ハードディスクの代わりに高速のSSDの利用を検討するとよいでしょう。

　このほか、データの書き込みや読み込みに普段より時間がかかるなど、ハードディスクに関連するトラブルも多いので、定期的なメンテナンスが必須です。メンテナンス時は最初にバックアップを実行します。続いて、不要なファイルやフォルダを削除し、ディスクのエラーチェックを実行して、エラーが発生している部分を修復します。

ツールを使って障害の原因を突き止める

システムが不安定になったとき

① システム構成ユーティリティを起動する

② 基本的なデバイスとサービスのみでシステムを起動する

③ 読み込む項目を選択して起動する

システム構成ユーティリティ

起動方法を指定できるユーティリティ

システムの反応が遅いとき

① 「パフォーマンスモニター」を開く

② パフォーマンスデータを収集する

③ レポートを分析する

パフォーマンスモニター

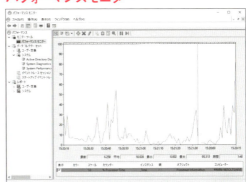

システムの現在の状況を表示できる管理者用ツール

Chapter 6 ▶ 8　障害の原因を突き止める　151

Chapter 6

9

バックアップはトラブル対処の基本

定期的にバックアップを取る

便利な大容量ハードディスクに、こまめなバックアップでデータを守る

　サーバーには、各ユーザーのIDやパスワード、ユーザー同士で共有している業務ファイルなど、さまざまなデータが保存されています。しかし、毎日快適にサーバーを利用していると、これらの大切なデータを失うリスクがあることを忘れがちです。たとえ丈夫なサーバー用コンピュータであっても、ハードウェアが壊れる確率はゼロではありません。また、停電などのトラブルでデータが消えてしまう可能性もあります。このようなトラブルで大切なデータがなくなってしまっては、サーバーを利用している意味がないといえるでしょう。

　このような障害への最も基本的な対策は、定期的にデータをコピーして**バックアップを作成しておくこと**です。このため、バックアップ用のツールなどは、サーバー用のOSに標準の機能として搭載されているのが一般的です。毎日決まった時間など条件を指定しておくと、それに合わせて自動的にバックアップを実行してくれます。データの損失を最小限にするため、バックアップはこまめに取ることも必要です。

　データをバックアップするメディアには、テープメディアのDAT（Digital Audio Tape）や、ディスクメディアのDVDなどがあります。最近は大容量化が著しいハードディスクを使って、サーバーのハードディスクの内容をまとめてバックアップする方法がよく使われます。この方法のメリットは、バックアップが短時間で行えることや、複数のハードディスクを用意すれば、二重、三重のバックアップが手軽に取れることなどがあります。

　実際にトラブルが発生したら、バックアップのデータをサーバーに戻すことになります。その際、最後のバックアップ以降に修正したり、新規作成したデータは戻せません。つまり、できるだけ小まめにバックアップをするほど、トラブル時の被害を最小限に抑えることができます。また、バックアップを取るだけで安心するのではなく、復旧手順の訓練も定期的に実施しましょう。

バックアップはこまめに取る

大容量ハードディスクでバックアップを取る

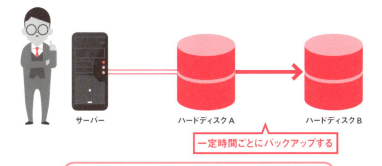

バックアップは定期的、こまめに取る

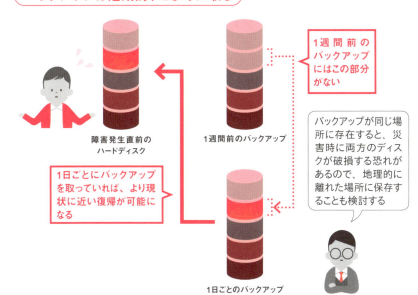

Chapter 6
10

思わぬトラブルに備えてデータを守る

RAIDとUPSを導入する

データのミラーリングと停電に強い電源でデータを保護する

　データを保存する際、自動的に複数のハードディスクにデータを書き込んでおくことで、データを安全に保存するのが**RAID（Redundant Array of Inexpensive Disks）**というシステムです。

　例えば、2台のハードディスクに同じデータを保存しておくと（ミラーリング）、万が一、片方のハードディスクが故障したときでも、もう片方のハードディスクに同じデータが保存されているので、データを失う心配がありません。壊れたハードディスクを取り外して、新しいハードディスクに付け替えれば、すぐに環境を復旧することもできます。

　もちろん、RAIDを構築したとしても、それだけで安心というわけではなく、定期的にバックアップを取ることは必要です。誰かが誤って大事な共有ファイルを消去してしまったなど、ユーザーがミスを犯してしまうことはよくあります。こんなとき、RAIDでは消してしまったファイルを戻すことはできません。しかし、バックアップを取っていれば、前回バックアップした時点の状態まで戻すことができるのです。

　ハードディスクにトラブルが発生する原因の1つが電源です。データを書き込んでいる最中に急に電源が落ちたり、雷によって電圧が変化してしまうと、ハードディスクが壊れたり、正しくデータを書き込めないことになります。

　このような電源のトラブルからハードディスクやコンピュータを守ってくれるのが**UPS（無停電電源装置）**です。UPSの内部には大容量のバッテリーが入っていて、常に充電された状態になっています。そして、停電が発生したときには、一定時間、バッテリーから電力を供給してくれます。この間にサーバーを通常の操作でシャットダウンさせれば、トラブルを防ぐことができます。なお、UPSを選ぶときには、落雷による高電圧からサーバーを守る機能（サージプロテクター）が付いている機種がおすすめです。

RAIDとUPSでより安全性を高める

RAIDの仕組み（RAIDとハードディスクでのバックアップを併用）

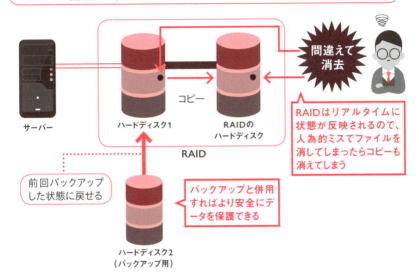

UPSの仕組み

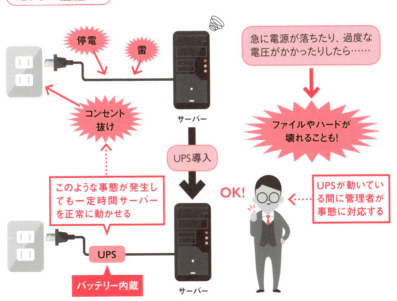

Chapter 6 ▶ 10　RAIDとUPSを導入する　155

Column

破られにくいパスワードを設定しよう

　サーバーを管理するときも、利用するときも、パスワードを使用します。いわば、パスワードは自宅の"鍵"と同じ役割を果たしますが、みなさんは本当に安全なパスワードを使用しているでしょうか？　インターネットに接続している限り、外部からの侵入の脅威がなくなることはありません。パスワードの重要性は高まるばかりです。

　安全なパスワードを作成するには、誕生日、名前やユーザー名、連続した同じ文字など、ほかの人に類推されやすいものは使用しないようにします。文字数は最低でも8文字以上、できれば12文字以上にします。5万語程度以上の語彙を持つ辞書から、ランダムに3語選び出してつなげる方法も推奨されています。また、数字、英字の大文字と小文字、記号を併用するとより強固になります。当然ですが、同じパスワードをほかのシステムやサービスで使い回すとハッキングや情報漏洩の危険性が高まるので、絶対に避けるべきです。

　パスワードを覚えやすくするために、好きな短い文章を作り、自分で定めたルールに基づいて英字に変換する方法があります。例えば、「好物は焼き肉」を「Kob2=yaki29」に変換するといった具合です。また、単語と数字を交互に組み合わせる方法もあります。例えば、「technology」と「9638527410」の場合は「t9e6c3h8n5o2l7o4g1y0」となります。いろいろな方法を試して、忘れにくく強固なパスワードを作りましょう。

　最近ではIDとパスワードに加えて、セキュリティコードを入力する「2段階認証」の普及も進んでいます。セキュリティコードはログイン時などパスワード入力が必要になるたびに発行され、一定期間だけ利用できるパスワードの一種で、あらかじめ登録された電話番号やメールアドレスなどに届きます。認証経路が増えて、安全性が高まる仕組みです。

Chapter
7

セキュリティ管理

無事にサーバーの設定ができても、セキュリティ対策がおろそかでは、不正操作やウイルスの侵入などによって深刻な事態を招きかねません。本書の最後に、基本的なセキュリティ対策について学習しましょう。

Chapter 7

1

不正侵入とウイルス、情報漏洩への対策

セキュリティ対策の重要性

ネットワークの外側と内側、両方のセキュリティ対策が必要

　構築したサーバーを運用・管理していくうえで、セキュリティ対策は欠かせません。インターネット上に公開するサーバーはもちろんのこと、インターネットに接続しているネットワーク内のサーバーやクライアントでも、正しいセキュリティ対策を講じる必要があります。

　大きく分けて、サーバーに対するセキュリティ上の危険は2種類あります。1つはインターネットからやってくる「外側からの危険」、もう1つはネットワークを使用している側が引き起こす「内側からの危険」です。

　外側からの危険の代表格は、**不正侵入（不正アクセス）**と**ウイルス**です。不正侵入とは、正規のユーザーではない第三者がサーバーに接続して、データの破壊や改ざん、盗難などを引き起こすことです。ウイルスとは、コンピュータに侵入して危害を加えることを目的に作られたプログラムのことです。メール経由のほか、ウェブページに仕込まれているウイルスに感染したり、USBメモリーなどの記憶媒体から感染するケースもあります。不正侵入やウイルス、情報の盗聴、身代金の要求など、悪意あるソフトウェアを総称して**マルウェア**と呼びます。

　内側からの危険の代表格は、**機密情報の不正持ち出し**です。外部から侵入した第三者が盗むケースもありますが、ネットワークの正規ユーザーである社員が勝手にデータを持ち出し、流出させるケースも多いのです。

　外側からの危険に対しては、サーバーのセキュリティ設定やセキュリティ対策ソフトの導入などで対処します。また、クライアントの設定にも気を配り、USBメモリーなどの記憶媒体で外からやってくる危険に対しても備えが必要です。内側からの危険に対しては、ID、パスワード、アクセス権を厳重に管理するほか、セキュリティ性の向上のための社内ルールを作り、ユーザーに徹底させるなどの対策も有効です。

ネットワークの内外にある危険

ネットワークの外側からの危険

●不正侵入

●ウイルス

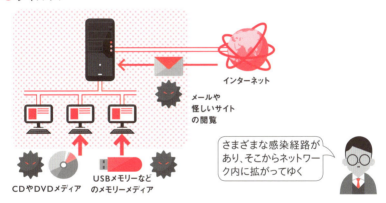

ネットワークの内側からの危険

Chapter 7 ▶ 1　セキュリティ対策の重要性　159

Chapter 7

2

企業情報を守る

企業ネットワークでの
セキュリティ対策

ネットワーク内のコンピュータと情報を守る

　多くの企業ネットワークはインターネットに接続しています。インターネットから侵入するさまざまな脅威に備えるため、セキュリティ対策の重要性は増しています。同時に、社内の機密情報を不正に持ち出されないための対策も必要です。

　それぞれの技術については後述しますが、まず、どのような対策が必要なのかをひととおり挙げておきます。社内ネットワークからインターネットに接続するのであれば、最低限これだけの対策は必要です。

● 不正侵入に備えてファイアウォールを設置する

　インターネットやほかのネットワークへの出入り口となるゲートウェイにファイアウォールを設置して、不正侵入に備えます。また、IDS（侵入検知システム）を併用し、不審なアクセスを検知して対処するケースもあります。

● ウイルス対策ソフトを導入する

　サーバー用のウイルス対策ソフト（セキュリティソフト）を導入し、メールやウェブのデータに含まれるウイルスを排除します。記録媒体から侵入するウイルスに備えて、各クライアントにもウイルス対策ソフトを導入すればさらに安全です。

● サーバーやルーターのアップデート、設定に気を配る

　サーバー用OS、導入しているサーバー用ソフトウェアのアップデートを実施して、セキュリティ上の問題を解決します。また、不要なサービスを停止するなど、サーバーを安全に運用するための設定を行います。

● アクセス権、IDとパスワード管理を徹底する

　機密情報が含まれるデータに対してアクセス権を設定します。また、クライアントのID・パスワードをはじめ、サーバーやネットワーク機器のID・パスワードを適切に管理します。

160

企業ネットワークの主なセキュリティ対策

不正侵入対策

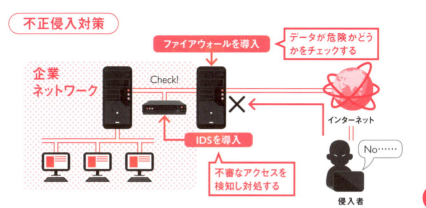

ウイルス対策

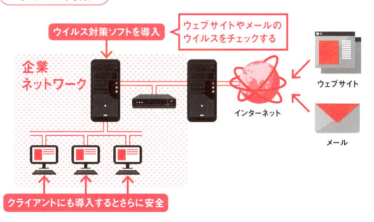

その他の注意点・対策

- サーバー用OSやソフトウェアのアップデート
- 不要なサービスの停止
- アクセス権、ID、パスワードの管理を徹底

Chapter 7

3

不正侵入を入口で食い止めるファイアウォール

ファイアウォールで
ネットワークを守る

> ゲートウェイで行き来するデータを監視し不正侵入を防ぐ

インターネットに接続しているネットワークは、常にインターネットからの不正侵入の危険にさらされています。そこで、ネットワークの出入口である**ゲートウェイ**でやり取りされるデータを監視し、安全と判断したデータだけを通すようにします。この仕組みを**ファイアウォール**と呼びます。ファイアウォールはインターネットからやってくるデータだけでなく、ネットワークの中からインターネットへと送られるデータを監視することもできます。

ファイアウォールを設置する場合は、まず、「どのデータのやり取りを許可するか」という基準を決めます。不正侵入を試みる悪意のあるデータはもちろん遮断しますが、企業ネットワークでは、企業が定めるセキュリティの基本方針（**セキュリティポリシー**）に従い、「業務に関係のないネットワークサービスのデータは許可しない」などの基準が加わることもあります。

基準を決めたら、その基準に合わせたファイアウォール用の機器やソフトウェアを用意して設定します。小規模のネットワークや家庭のネットワークでは、ファイアウォール機能を備えた**ルーター**などの機器を使用するケースが多く見られます。企業ネットワークでは、ファイアウォール専用のサーバーを用意します。

ファイアウォールは自前で構築することもできますが、専用のハードウェアにソフトウェアを組み込んである**アプライアンスサーバー**を利用することも可能です。ファイアウォール機能をはじめ、総合的にセキュリティ対策を行う**統合脅威管理（UTM：Unified Threat Management）**に対応したアプライアンスサーバーを導入するケースも増えてきました。UTMはセキュリティ対策をアプライアンスサーバー1台でまかなえるため、管理の手間を軽減できるのが強みです。また、ウェブアプリケーションの脆弱性を狙った攻撃からウェブサーバーを守る**WAF（Web Application Firewall）**を併用するケースも増えています。

162

ファイアウォールとは

ファイアウォールの働き

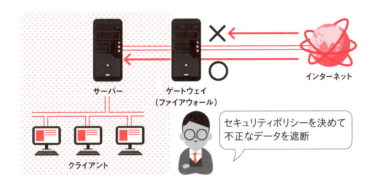

セキュリティポリシーを決めて不正なデータを遮断

いろいろあるファイアウォール

ファイアウォール機能を備えたルーター

小規模ネットワークや家庭のネットワークで使用されることが多い

ファイアウォール専用サーバー

サーバーにファイアウォールのソフトウェアをインストール

企業ネットワークで使用されることが多い
ルーターより高度な設定が可能

ファイアウォール専用アプライアンスサーバー

ファイアウォール専用に作られたサーバー

ウイルス対策なども含め、総合的にセキュリティ対策を行う統合脅威管理（UTM）に対応したタイプもある

Chapter 7
4

監視の対象によるファイアウォールの分類

ファイアウォールの種類

データの流れのうち、どこを監視するかによって3タイプに分けられる

　ファイアウォールは大きく分けて、**パケットフィルタリング**、**サーキットレベルゲートウェイ**、**アプリケーションレベルゲートウェイ**の3種類があります。

　パケットフィルタリングは、OSI参照モデルの**ネットワーク層（TCP/IPではインターネット層）**で作られたパケットのヘッダーを見て、IPアドレスやポート番号などの情報をもとに判断します。例えば、ウェブサーバー宛てに送られてきたパケットを見て、ウェブサーバーソフトのポート番号80を指定してあれば通します。ウェブサーバー宛てにも関わらずほかのポート番号を指定しているパケットは、危険と判断して破棄します。OSI参照モデルのトランスポート層で行われるデータのやり取りの手順を記録し、ネットワーク内のクライアントが「このデータを送ってください」と要求するパケットに応えて送られてきたパケットかどうかを判断する、「ステートフルパケットインスペクション」も普及しています。

　サーキットレベルゲートウェイとアプリケーションレベルゲートウェイは、**プロキシ**の仕組みを使ったファイアウォールです。プロキシとは「代理」という意味で、クライアントの代理としてデータのやり取りを行います。データのやり取りの流れで見ると、パケットフィルタリングはクライアントからサーバーまでが1つの流れになっていますが、プロキシを使う場合はクライアントとプロキシ、プロキシとサーバーという2つの流れになります。

　サーキットレベルゲートウェイは「汎用プロキシ」とも呼ばれます。OSI参照モデルおよびTCP/IPの**トランスポート層**で行われるデータのやり取りの手順まで監視します。

　アプリケーションレベルゲートウェイは単に「プロキシ」とも呼ばれます。OSI参照モデルとTCP/IPの**アプリケーション層**まで、つまりデータのやり取りのすべてを監視します。データの中身を調べて判断することも可能です。

3種類のファイアウォール

パケットフィルタリング

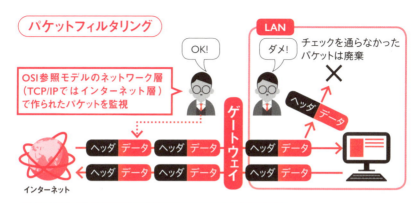

サーキットレベルゲートウェイ（汎用プロキシ）

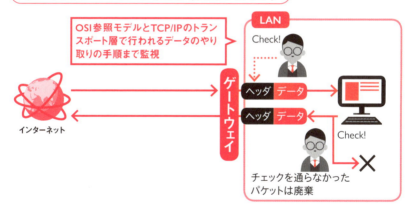

アプリケーションレベルゲートウェイ（プロキシ）

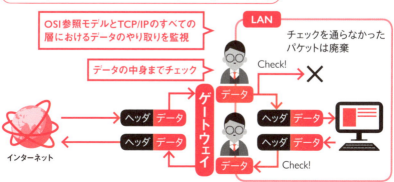

Chapter 7
▼
5

ファイアウォールの選び方

判断基準に応じたファイアウォールを選ぶ

小規模のネットワークならパケットフィルタリングのみでもOK

　インターネットを利用するうえで、不正侵入対策としてファイアウォールの導入は必須です。ところで、前ページで紹介した3種類のうち、どのファイアウォールを導入するべきでしょうか。導入と運用・管理の面から考えてみましょう。

　パケットフィルタリングはルーターに組み込まれていることが多く、導入しやすいのが特徴です。インターネットに公開するウェブサーバーやメールサーバーがない小規模のネットワークの場合、パケットフィルタリングのみというケースもよく見られます。また、IPパケットのヘッダー情報のみを調べているので、処理速度が速いのも特徴です。ただし、ほかのファイアウォールと比べるとセキュリティ効果は劣ります。

　サーキットレベルゲートウェイと**アプリケーションレベルゲートウェイ**は、コストと管理・運用の手間はかかりますが、パケットフィルタリングよりもセキュリティ効果は大きく、多くの企業ネットワークで導入されています。

　アプリケーションレベルゲートウェイはデータの中身まで調べるので、危険なデータかどうかだけでなく、業務に関係のないデータ、情報漏洩につながるデータかどうかも判断できます。ただし、「ウェブページのデータを調べるならHTTPプロトコルに対応したHTTPプロキシソフト」というように、アプリケーション層のプロトコルごとにソフトウェアが必要になります。処理速度が遅く、データが渋滞を起こす場所＝ボトルネックになってしまうという問題もあります。そうならないように設備を充実させる必要があるため、導入コストはかかります。

　サーキットレベルゲートウェイは、プロトコルごとにソフトウェアを用意する必要はありません。データの中身まではチェックできませんが、クライアントの代理としてデータをやり取りするので、ネットワーク内部の構成を外部に知られないというセキュリティ面の効果があります。

166

各ファイアウォールのメリット・デメリット

パケットフィルタリング

○
- ルーターに組み込まれていることが多く、導入しやすい
- 小規模のネットワークに適している
- IPパケットのヘッダー情報のみを調べているので、処理速度が速い

× ・ほかの方式に比べるとセキュリティ効果が劣る

サーキットレベルゲートウェイ／アプリケーションレベルゲートウェイ

●サーキットレベルゲートウェイ

○
- アプリケーションレベルゲートウェイのように、プロトコルごとにソフトウェアを用意する必要がない
- クライアントの代理としてデータをやり取りするので、ネットワーク内部の構成を外部に知られない
- パケットフィルタリングよりセキュリティ効果は高い
- 企業ネットワークに適している

× ・コストと管理・運用の手間がかかる

●アプリケーションレベルゲートウェイ

○
- データの中身まで調べるので危険なデータかどうかだけでなく、業務に関係のないデータ、情報漏洩につながるデータかどうかも判断できる
- パケットフィルタリングよりセキュリティ効果は大きい
- 企業ネットワークに適している

×
- アプリケーション層のプロトコルごとにソフトウェアが必要になる
- 処理速度が遅い
- コストと管理・運用の手間がかかる

Chapter 7 ▶ 5　判断基準に応じたファイアウォールを選ぶ　167

Chapter 7

6

内部のサーバーとクライアントを守る

インターネットに公開する
サーバーはDMZに設置する

インターネットに公開しないサーバーやクライアントと分ける

インターネットに公開するサーバーを設置していないネットワークの場合、インターネット側から「データを送ってください」という要求データが届くことはありません。このため、ファイアウォールでそのようなデータはすべて遮断するよう設定します。しかし、インターネットに公開するサーバーを設置しているネットワークの場合、インターネット側からの要求データを受け入れる必要があります。**ファイアウォール**で受け入れる設定にすればよいのですが、これではインターネットに公開していないサーバー・クライアントへの要求データも受け入れることになり、危険です。また、インターネットに公開するサーバーは不正侵入の危険性が非常に大きいものです。同じネットワーク内に、インターネットに公開するサーバーと公開しないサーバー・クライアントが混在していると、インターネットに公開するサーバーに侵入されて、ほかのサーバー・クライアントに被害が及ぶ恐れもあります。

そこで、インターネットに公開するサーバーと、公開しないサーバー・クライアントを分けたネットワークを構築します。インターネットに公開するサーバーを設置するネットワークの領域を**DMZ（DeMilitarized Zone）**と呼びます。一般的には**3つのネットワークインターフェイスを持つファイアウォール**を設置し、インターネットに公開するDMZと公開しない内部のネットワークに分けます。より安全性を考えて2つのファイアウォールを設置し、ファイアウォールとファイアウォールの間にDMZを作る方法もあります。

DMZには、ウェブサーバーやメールサーバー、DNSサーバー（コンテンツサーバー）など、**インターネットの側からの要求データを受け入れる必要があるサーバーのみを設置**します。なお、ウェブサーバーと連携して動作するデータベースサーバーは、直接インターネット側からの要求データを受け入れることはないので、内部のネットワークに設置します。

168

DMZとは

DMZがないネットワーク

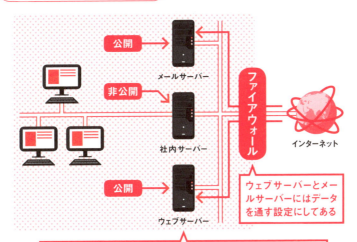

公開しているサーバーが不正侵入されたりウイルスに感染したりすると、非公開のサーバー・クライアントにも被害が及んでしまう

DMZを導入したネットワーク

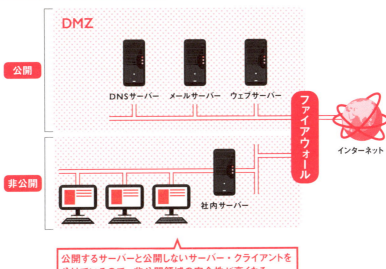

公開するサーバーと公開しないサーバー・クライアントを分けているので、非公開領域の安全性が高くなる

Chapter 7 ▶ 6　インターネットに公開するサーバーはDMZに設置する

Chapter 7

7

ファイアウォールを正しく設定する

ファイアウォールの構築

外部の攻撃からネットワークを守る砦

ほとんどのサーバーOSには、外部からの侵入や攻撃を防止するための**ファイアウォール機能**を搭載しています。ファイアウォールは「セキュリティの中心」といってもよい存在です。

前述のように、ファイアウォールは種類によって以下のような機能があります。

- ネットワークの外部から、内部のクライアントを見えなくする
- ネットワーク内から外部へのデータは通すが、外部からネットワーク内のクライアントへのアクセスをシャットアウトする

侵入経路をふさぐのは**NAT（Network Address Translation）**と呼ばれる機能です。IPアドレスを別のIPアドレスに変換することで、外部からのアクセスを防ぎます。また、「パケットフィルタリング」はデータの中身を見て、そのデータをネットワーク内に通すかどうかを判断する機能です。不正な要求が含まれているデータを処分して、ネットワーク内に通さないようにします。これらの機能はルーターにも搭載されています。

Windows Server 2016には「Windowsファイアウォール」という機能が搭載されており、デフォルトでオンになっています。ファイアウォールをきめ細かく設定したいときには、サーバーマネージャーの［ツール］から［セキュリティが強化されたWindowsファイアウォール］で規則を変更したり、追加したりできます。

ファイアウォールはネットワークの砦です。「よくわからないから設定しない」のではなく、ファイアウォールを正しく設定して、ネットワークの安全を守りましょう。また、ファイアウォール機能と正しく設定したルーター、ウイルス対策ソフトなど、複数の方法を組み合わせて利用することで、安全性を飛躍的に高めることができます。

170

ファイアウォールでネットワークを守る

ファイアウォールの基本は一方通行

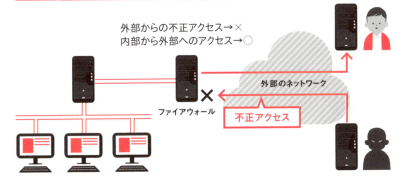

外部からの不正アクセス→×
内部から外部へのアクセス→○

外部のネットワーク
ファイアウォール
不正アクセス

ファイアウォールの設定

● 外部から内部にアクセスできるコンピュータやポートを正しく設定することがポイント

信頼できる相手からのアクセスはOK！

Windows Server 2016の
ファイアウォール設定画面

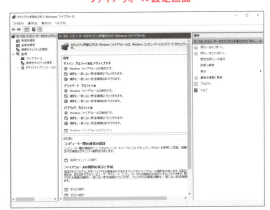

Chapter 7 ▶ 7　ファイアウォールの構築　171

Chapter 7

8

OSのセキュリティ対策

OSのアップデート

運用状況に合った方法でOSを更新する

たとえサーバー用のOSであっても、1つもバグのない「完璧なソフトウェア」というものは、残念ながら世の中に存在しません。特定の条件が重なったときだけ表に出てくるバグが潜んでいることもありますし、未知のセキュリティホールが見つかることもあります。また、環境の変化によってOSに新しい対策を施す必要が生じることもあります。

そこで重要なのが、**OSのアップデート**（更新）です。一般的には、OSには次のような更新方法が用意されています。サーバーの運用状況に応じて、どの更新方法を選ぶかを決めます。

1. 更新の有無を自動で調べ、更新があれば、更新するファイルをダウンロードして自動的に更新する（自動更新）
2. 更新の有無を自動で調べ、更新があれば、更新するファイルをダウンロードする。ただし、更新するかどうかは管理者が判断する
3. 更新の有無だけ自動で調べるが、ダウンロードや自動更新は行わない
4. 更新の有無を管理者が手動で調べ、手動で更新する

1.の自動更新では、サーバーを常に最新の状態に保つことができます。ただし、OSの更新内容によってはサーバーで動かしているアプリケーションに影響が生じたり、更新時にコンピュータの再起動を行うこともあります。このため、サーバーがあまり使われていない深夜や早朝などに更新時刻を指定します。例えば、Windows Server 2016では、デフォルトで自動更新がオンになっています。そこで、Windows Updateの設定でOSの再起動を禁止する時間帯を指定します。

172

OSを最新の状態にアップデートする

自動更新の手順

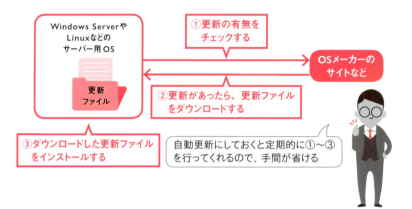

再起動を禁止する時間を指定する（Windows Server 2016）

［アクティブ時間の変更］をクリックすると、
再起動を禁止する時間帯を指定できる

Chapter 7

9

複雑化する感染経路に対応する

ウイルス対策ソフトを
導入する

一括導入・管理することで、より強固なシステムにできる

インターネットのウェブページやメールの添付ファイルから、クライアントPC
がウイルスに感染してしまうことがあります。最近では、ネットワーク経由で感
染するほかに、外部から持ち込んだUSBメモリーに保存されているファイル
からウイルスに感染するケースも増えています。以前よりウイルスが減少してい
るということはなく、感染経路はさらに複雑化しているのが現状です。

Windowsを搭載したクライアントPCをターゲットにしたウイルスが数多く
報告されていますが、macOSやLinuxなどのOSに感染するウイルスもあ
ります。ウイルスに感染すると、クライアントPCが壊れたり、最悪の場合に
は機密情報を外部に流出させてしまうこともあります。特に、サーバーがウイ
ルスに感染してしまうと被害は甚大になります。使用しているOSに関わらず、
すべてのサーバーとクライアントPCに**ウイルス対策ソフト**をインストールしてお
く必要があります。

クライアント／サーバー環境でウイルス対策ソフトを導入するなら、システム
全体に一括して導入できるタイプが使いやすいでしょう。このタイプのウイルス
対策ソフトは、サーバーにセットアップすれば、クライアントPCへの導入も
サーバーからの指示で行うことができます。また、設定内容を決めておけば、
すべてのクライアントPCを自動的にセットアップできるため、設定漏れの心配
がありません。もちろん、設定を変更するときもサーバーから実施できます。

万が一、クライアントPCがウイルスに感染してしまったり、感染の疑いが
ある異常な動作をしたときには、ログをチェックすることで原因を特定できます。
また、ウイルスだけでなく、スパイウェアやマルウェアなどの悪意を持ったプロ
グラム全般の検出ができるウイルス対策ソフトもあるので、ニーズに合ったも
のを選びましょう。

ウイルス感染とその対策

ウイルスの感染経路

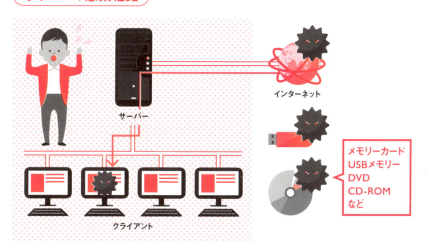

ウイルス対策をする

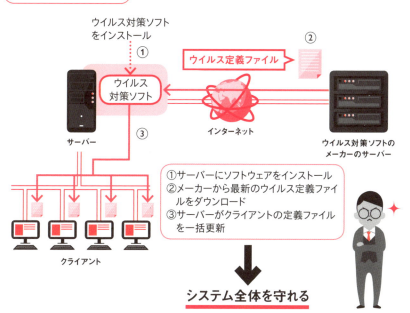

Chapter 7
10

不正なデータをシャットアウトする
ルーターでの
セキュリティ対策

ルーターを正しく設定して不正アクセスを防ぐ

　ルーターは設定された情報をもとに、データの通り道（ルート）を決めるネットワーク機器の1つです。例えば、営業所Aのネットワークaと、営業所Bのネットワークbがあり、両者をつないで使いたいときには、ネットワークAとBの間にルーターを設置します。そして、ルーターには「ネットワークAからネットワークB宛てに送られてきたファイルがあったら、ネットワークBに送り届ける」と設定しておきます。実際に、ネットワークAからファイルが送られてきたときは、ルーターは設定情報を使用して、ファイルをネットワークBに送るという仕組みになっています。このように、複数のネットワークを接続して利用するときに不可欠なのがルーターです。

　ルーターには「どのネットワークにデータを届けるか」という情報が記録されています。逆に見ると、ルーターの設定情報にないネットワーク宛てのデータが送りつけられてきたとき、ルーターは受け取りを拒否することになります。現在では、ネットワークの外部からサーバーやクライアントなど内部のPCに不正にアクセスして、データを盗みだそうとする「不正アクセス」が大幅に増えており、ルーターへのアクセスが急増しています。ルーターを正しく設定しておけば、このような不正アクセスや外部からの侵入の大部分を防ぐことができるのです。

　上手に活用するとセキュリティ面でも頼もしいルーターですが、設定を誤るとネットワークにアクセスできなくなったり、逆に社内ネットワークを外部に公開してしまったりするので、慎重な運用が求められます。使用するポートと使用しないポートを洗い出し、正しく設定するようにしましょう。

　なお、ルーターにもコントロール用のソフトウェアが内蔵されています。バグやセキュリティホールが見つかったときには、すみやかに更新しましょう。

ルーターで外部からの侵入を防ぐ

ルーターがデータのルートを決める

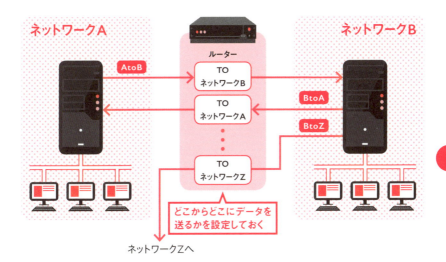

不正アクセスを拒否する

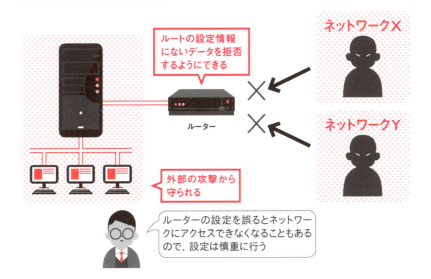

Chapter 7 ▶ 10　ルーターでのセキュリティ対策

Chapter 7
11

データの盗聴を防ぐ
SSL/TLSを導入する

データを暗号化して安全にやり取りする

　インターネットを経由してやり取りされるデータは、いくつものサーバーやルーターを通っていきます。実は、データを監視していると、どんな内容をやり取りしているか一目瞭然のため、誰かが盗聴している可能性もあるのです。クレジットカードの情報やパスワード、住所や電話番号など、外部に漏らしたくない情報はたくさんありますが、これらをそのままインターネット上に流すのは危険すぎます。

　そこで、安全のために大事なデータは**暗号化**して送ることにしましょう。一般によく使われているのは、多くのオンラインショッピングサイトや会員制サイトのログインに採用されている**SSL（Secure Socket Layer）/TLS（Transport Layer Security）**と呼ばれる公開鍵暗号化方式です。

　SSL/TLSの仕組みは、次のようになっています。クライアントがサーバーに接続すると、まずサーバーがクライアントに「証明書（公開鍵）」を送ります。クライアントは受け取った証明書が信用できるかどうかをチェックします。信用できると判断した場合には、ランダムに作成した「共通鍵」と、暗号化したデータをサーバーに送ります。サーバーは受け取ったデータを復号して（暗号化を解除して）使用します。

　適切な方法で暗号化されたデータを不正に解読するには長い時間がかかるので、実質的に安全だとされています。また、ここで使われる証明書には、**CA（Certificate Authority）**という認証局のサインが入っていますが、信頼できる認証局のサインであることが、クライアントがサーバーとデータをやり取りするかどうかを判断するときの決め手となります。

　なお、Windows Server 2016でSSLを利用できるようにするには、認証局のサイン入り証明書を取得してサーバーにインストールし、SSLを有効にする設定をします。

SSLでデータを暗号化する

インターネットでは情報が丸見え

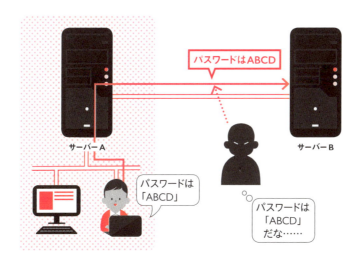

大事なデータを暗号化する

● SSLの暗号化手順

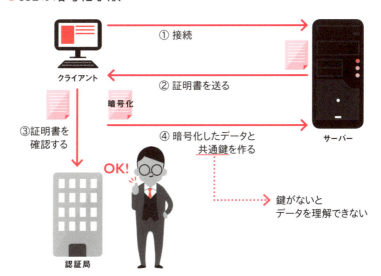

Chapter 7

12

OSとウイルス対策ソフトを常に最新の状態にする

クライアントの
セキュリティ対策

ウイルス対策とOSの更新が必須

　クライアントは直接外部のネットワークに接続しているわけではありません。しかし、システムを安全に利用するためには、**クライアントのセキュリティ対策**も必要不可欠です。

　まず、174ページで説明したように、ウイルス対策ソフトは必ずインストールしましょう。また、ウイルス定義ファイルはきちんと更新して、常に最新の状態をキープします。

　もう1つ大切な対策は、クライアントOSをきちんと更新して、最新の状態を保つことです。OSのセキュリティホールが見つかり、その対策が行われるたびに修正プログラムがリリースされます。OSを更新することで、セキュリティホールをふさぐことができます。なお、サポートが終了したOSやアプリケーションは、セキュリティホールが見つかっても更新されず危険なため、使用を中止する必要があります。

　Windowsクライアントの場合には、Windows Updateで修正プログラムを適用します。サーバーOSがWindows Server 2016であれば、クライアントPCのOSを一括してインストールしたり、更新したりできます。

　万が一、クライアントPCがウイルスなどに感染してしまった場合には、ただちにネットワークから切り離します。その後、ウイルスの除去などを実施して、安全を確保してからネットワークに接続しましょう。

　外部への情報漏洩は、ネットワークを経由するものと、USBメモリーやDVD-Rなどのメディアを使ったものに分けることができます。ネットワークからの情報漏洩は、ネットワークの監視体勢を強化するほか、次ページで解説する「情報セキュリティポリシー」の導入である程度防ぐことができます。メディア経由の漏洩は、メディアの利用や持ち込み／持ち出しのルールを定めて、それを守るようユーザーに徹底させることが必要です。

180

クライアントのためのセキュリティ対策

クライアントをウイルスから守るための必須次項

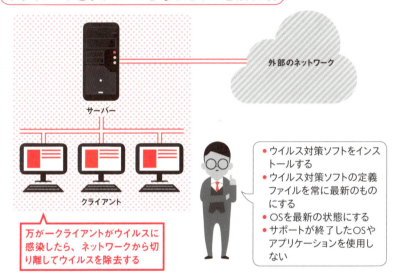

外部への情報流出を防ぐには

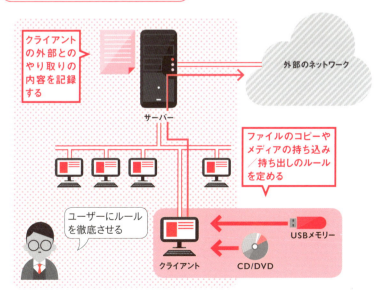

Chapter 7

13

サイバー攻撃から組織を守る

情報セキュリティポリシーを導入する

全社員がセキュリティに対する意識を高めるために

　近年、企業や組織を狙ったサイバー攻撃が多発し、甚大な被害を受ける企業が増えています。その代表的な攻撃手段が「標的型メール」でしょう。例えば、社内のある人を「標的」に定め、仕事内容などを調査してから、実在する担当者名で普段行っている業務の内容とそっくりなメールを送りつけてきます。標的が正規のメールだと誤解して添付ファイルを開くと、クライアントがウイルスに感染する仕掛けです。ウイルスは社内に潜み、重要な情報を社外に大量に流出させたり、データを盗聴したり、サーバーを乗っ取ることもあります。標的型メールは見破るのがとても難しく、ウイルス対策ソフトなどのセキュリティ対策をしていても、完全に防ぐことは非常に難しいといえます。

　現代のビジネスにインターネットは欠かせません。しかし、このように攻撃の手段が巧妙になっているため、システム部門や情報管理者だけが情報セキュリティについて考えたり、対策をするだけでは不十分です。社員や組織の全員が当事者意識を持って、情報セキュリティに向き合う必要があるのです。そこで必要になるのが**情報セキュリティポリシー**です。

　情報セキュリティポリシーとは、企業や組織における情報セキュリティ対策の方針や行動指針のことです。情報資産を何からどのような体制で守るかを具体的に記載したもので、その重要な目的は、すべての社員がセキュリティ意識を持つようにすることです。

　情報セキュリティポリシーは、なぜ情報セキュリティが必要なのかを記す「基本方針」、何を実施するかを記す「対策基準」、実際にどのように行動するかを記す「実施手順」の3階層で構成されます。基本方針と対策基準は、経営者や情報セキュリティ部門で策定するのが一般的ですが、実施手順は部門ごとに具体的かつ詳細に作成します。これによって、社員1人1人の当事者意識を高めることができるのです。

182

全社員が当事者意識を持つために

標的型メールの仕組み

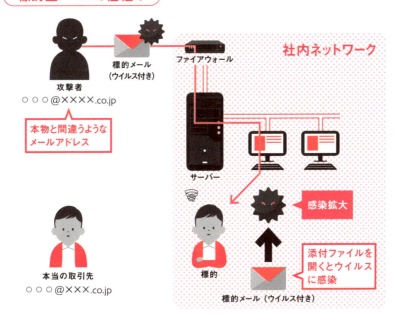

3層に分かれる情報セキュリティポリシー

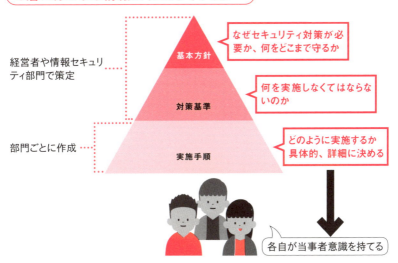

Appendix

付　録

Windows Server 2016の管理ツールについて

　第4章でWindows Server 2016を使ったサーバー構築の概略を解説しました。

　Windows Server 2016で管理者がもっとも多く使用するツールは、サーバーマネージャーでしょう。サーバーマネージャーは、サーバーの設定はもちろん、普段使用する管理項目にもアクセスできるポータル的な機能を持っています。ここで基本的な使い方をまとめておきます。

● サーバーマネージャーの起動

　サーバーマネージャーは、管理者がサインインすると自動的に起動します。もし、何らかの理由でサーバーマネージャーを終了させてしまったときは、［スタート］－［サーバーマネージャー］から起動することができます。

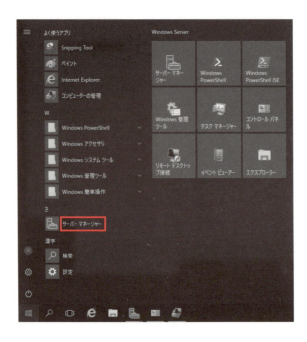

● 役割と機能の追加ウィザード

サーバーの導入時に最もよく使うのは、サーバーマネージャーの「役割と機能の追加」でしょう。

サーバーマネージャーの［役割と機能の追加］をクリックすると、ウィザードが起動します。［次へ］をクリックします。

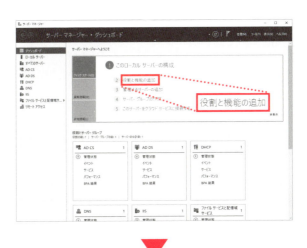

Appendix 付録 | 185

［役割ベースまたは機能ベースのインストール］を選択して［次へ］をクリックします。

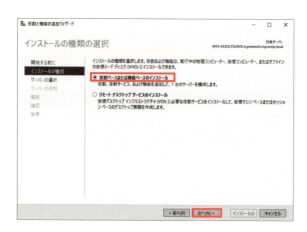

　インストールするサーバーを選択して［次へ］をクリックすると、役割の選択画面が表示されます。目的の役割を選択して、［インストール］をクリックします。

● **役割と機能の削除**

　追加した役割や機能を削除したいときには、[管理] メニューにある [機能の削除] をクリックすると、追加のときと同様のウィザードが起動します。削除したい役割や機能を選択して削除することができます。

Index

| A～O |

A	130
Active Directory	14, 76, 96, 100
AngularJS	126
Apache	124
ARPプロトコル	58
ASP.NET	126
BIND	130
CA	178
ccTLD	64
CentOS	32
CIDR	54
Courier Mail Server	128
DBMS	126
DHCP	72
DHCPサーバー	72, 104
DHCPサービス	22
DMZ	168
DNSキャッシュサーバー	74
DNSサーバー	74, 104, 110
DNSサービス	20, 22, 64
Dovecot	128
Ethernet	58
FTP	90
FTPS	90
FTPサービス	20
gTLD	64
HTML	80
HTTPプロトコル	46, 78
ICANN	52, 64
IIS	124
IMAP	84
IMAPサーバー	20, 88
ipconfig	146
IPsec	114
IPv4	50

IPアドレス	48, 50, 58, 72, 74
IPプロトコル	48, 60
IPマスカレード	62
JPNIC	52
JPRS	64
L2TP	114
Laravel	126
Linux	26
macOS Server	26
MACアドレス	48, 58
MariaDB	126
Microsoft Exchange Server	128
Microsoft SQL Server	126
MX	130
NAPT	62
NAT	62, 170
netstat	146
Nginx	124
NS	130
nslookup	146
NTP	76
OS	68
OSI参照モデル	40
OSのアップデート	172

| P～W |

PCサーバー	24
PDU	38
PHP	82
ping	146
POP3	84
POP3・IMAPサーバーソフト	128
POP3サーバー	20, 86
POP3プロトコル	46
Postfix	128

PPP *48*	WWW *80*
RAID *154*	
RARP プロトコル *58*	
Red Hat Enterprise Linux *26*	**｜ ア行 ｜**
Ruby on Rails *126*	アクセス権 *144*
SFTP *90*	アップロード *90*
SMTP *84*	アプライアンスサーバー *162*
SMTP サーバー *20*	アプリケーション層 *40, 42, 44, 164*
SMTP サーバーソフト *128*	アプリケーションレベルゲートウェイ *164, 166*
SMTP 認証 *84*	暗号化 *114, 178*
SMTP プロトコル *46*	イーサネット *48*
SOA *130*	インターネット層 *42, 44*
SSL *178*	ウイルス *30, 158*
SUSE Linux Enterprise Server *26*	ウイルス対策ソフト *174*
Symfony *126*	ウェブアプリケーション *82*
TCP *46*	ウェブアプリケーションフレームワーク *126*
TCP/IP *36*	ウェブサーバー *12*
TCP/IP プロトコル群 *36*	ウェブサーバーソフト *26*
TLS *178*	ウェブサービス *20, 78*
traceroute *146*	ウェルノウンポート番号 *56*
tracert *146*	エンクロージャ *24*
Ubuntu *32*	エンタープライズサーバー *24*
UDP *46*	オンプレミス *16*
UNIX 系 OS *122*	
UPS *154*	
URI *78, 80*	**｜ カ行 ｜**
UTM *162*	仮想化 *132*
VPN *114*	カプセル化 *44, 114*
VPS *132*	逆引き *130*
WAF *162*	国別トップレベルドメイン *64*
Windows OS *122*	クライアント *12*
Windows Server 2016 . . . . *26, 32, 94*	クライアント／サーバー型 *16*
Windows Server バージョン1709 . . . . *26*	クラウドコンピューティング *16, 34*
WPA2 . . . . *112*	クラスフル *54*
WPA2-Enterprise *112*	クラスレス *54*
WPA2-PSK *112*	グループ *142*

グローバルIP	52, 62
ゲートウェイ	60, 162
ケーブル	148
コネクション型	46
コマンド	90
コンテンツサーバー	130
コンピュータ	68

| サ行 |

サーキットレベルゲートウェイ	164, 166
サーバー	12
サーバーマネージャー	98
サブネッティング	54
サブネットマスク	54, 72
サブネットワーク	54
シーケンス番号	46
障害	150
情報セキュリティポリシー	182
情報漏洩	30
スキーム	78
静的IPアドレス	104
静的ページ	82
正引き	130
セキュリティポリシー	162
セグメント	38
セッション層	40
ゾーン	130
属性型JPドメイン名	64
ソフトウェア	68

| タ行 |

ダウンロード	90
タグ	80
タワー型	24
ディストリビューション	26
ディレクトリサービス	14
データグラム	38
データリンク層	40
デフォルトゲートウェイ	72

統合脅威管理	162
動的IPアドレス	104
動的・プライベートポート番号	56
動的ページ	82
トップレベルドメイン	64
都道府県型JPドメイン名	64
ドメイン	96
ドメインコントローラ	76, 100
ドメイン名	64, 74, 102
トランスポート層	40, 42, 44, 164
トレーラ	38, 44

| ナ行 |

ネームサーバー	74
ネットワークアダプター	108, 148
ネットワークアドレス	50, 54
ネットワークインターフェイス層	42, 44
ネットワーク構成図	136
ネットワークコマンド	146
ネットワーク層	40, 164

| ハ行 |

ハイパーリンク	80
パケット	38
パケットフィルタリング	164, 166
バックアップ	152
ハブ	148
汎用JPドメイン名	64
評価版	116
ファイアウォール	108, 162, 168, 170
ファイル共有サービス	22
ファイルサーバー	22, 70, 106
フォルダクォーター	106
不正侵入	30, 158
物理アドレス	58
物理層	40
プライベートIP	52, 62
ブラウザソフト	78, 80
プリンタ共有サービス	22

プリントサーバー 22, 70

フルサービスリゾルバ 74, 130

ブレード 24

ブレード型 24

フレーム 38

フレームワーク 82

プレゼンテーション層 40

ブロードキャストアドレス 50

ブロードバンドルーター 32

プロキシ 164

プロトコル 36

分野別トップレベルドメイン 64

ヘッダ 38, 44

ポート番号 56, 58

ホストアドレス 50, 54

レコード 130

ログ 144

| **ワ行** |

ワークグループ 96

| **マ行** |

マイクロソフト管理コンソール 98

マルウェア 158

マルチキャストアドレス 50

無線 LAN 112

メールサーバー 12

メールサーバーソフト 26

メールサービス 20

モジュール 82

| **ヤ行** |

予約済みポート番号 56

| **ラ行** |

ラック型 24

リゾルバ 74

リモートサーバー管理ツール 138

リモートデスクトップ 138

ルーター 60, 108, 162, 176

ルーティング 48, 60

ルーティングテーブル 60

ルートサーバー 74, 130

191

■ 著者略歴

増田若奈（ますだ　わかな）
1970年生まれ。上智大学文学部新聞学科卒業。編集プロダクション勤務を経てフリーライターに。主にインターネットのサービス、ネットセキュリティ、理美容家電を中心に執筆。著書に『図解ネットワークのしくみ』『パッとわかるネットワークの教科書』『Web動画配信のしくみがわかる』『10の構文25の関数で必ずわかるCGIプログラミング』（以上、ディー・アート）、『図解 ネットワーク 仕事で使える基本の知識［改訂新版］』（技術評論社）がある。

根本佳子（ねもと　かこ）
総合電機メーカーで研究職やシステムインテグレーションを担当後、フリーライター・エディターに転身。インターネットに出会ったのは1987年で、ネットワーク管理者の経験もある。インターネットやPC関連のほか、最新ビジネスやトレンドなどのジャンルもカバーする。

カバー・本文デザイン・イラスト● 新井大輔・中島里夏（装幀新井）
編集・DTP● 株式会社トップスタジオ

■ お問い合わせについて

本書の内容に関するご質問は、下記の宛先までFAXまたは書面にてお送りいただくか、弊社Webサイトの質問フォームよりお送りください。お電話によるご質問、および本書に記載されている内容以外のご質問には、一切お答えできません。あらかじめご了承ください。

〒162-0846 東京都新宿区市谷左内町 21-13
株式会社 技術評論社 書籍編集部「図解 サーバー 仕事で使える基本の知識 ［改訂新版］」質問係
FAX：03-3513-6167
技術評論社 Web サイト：http://gihyo.jp/book/

なお、ご質問の際に記載いただいた個人情報は質問の返答以外の目的には使用いたしません。また、質問の返答後は速やかに破棄させていただきます。

図解 サーバー　仕事で使える基本の知識　［改訂新版］

2009年8月25日 初版　第1刷　発行
2018年6月8日　第2版　第1刷　発行

著　者	増田若奈・根本佳子
監　修	武藤健志
担　当	田村佳則（技術評論社）
発行者	片岡 巌
発行所	株式会社技術評論社
	東京都新宿区市谷左内町21-13
	電話　03-3513-6150 販売促進部
	03-3513-6160 書籍編集部
印刷／製本	株式会社加藤文明社

定価はカバーに表示してあります。
本書の一部または全部を著作権法の定める範囲を超え、無断で複写、複製、転載、あるいはファイルに落とすことを禁じます。

©2009 増田若奈／©2018 増田若奈、根本佳子

造本には細心の注意を払っておりますが、万一、落丁（ページの抜け）や乱丁（ページの乱れ）がございましたら、弊社販売促進部へお送りください。送料弊社負担でお取り替えいたします。

ISBN978-4-7741-9757-9 C3055
Printed In Japan